TABLE DES 65 PLANCHES
ET DE LEUR PLACEMENT

	A placer en face la Page
Pl. 1. — HÉRON CENDRÉ — *Ardea cinerea.* Linnæus	10
Pl. 2. — HÉRON POURPRÉ — *Ardea purpurea.* Linnæus	12
Pl. 3. — HÉRON AIGRETTE — *Ardea egretta.* Bechstein	12
Pl. 4. — HÉRON GARZETTE — *Ardea garzetta.* Linnæus	12
Pl. 5. — HÉRON BLONGIOS — *Ardea minuta.* Linnæus	14
Pl. 6. — HÉRON GRAND BUTOR — *Ardea stellaris.* Linnæus	14
Pl. 7. — HÉRON BIHOREAU ou BIHOREAU GRIS — *Ardea nycticorax.* Linnæus	16
Pl. 8. — SPATULE BLANCHE — *Platalea leucorodia.* Linnæus	18
Pl. 9. — CIGOGNE BLANCHE — *Ciconia alba.* Willughby	20
Pl. 10. — CIGOGNE NOIRE — *Ciconia nigra.* Belon	22
Pl. 11. — GRUE CENDRÉE — *Grus cinerea.* Bechstein	24
Pl. 12. — GRUE DE NUMIDIE — *Grus numidica.* Brisson	26
Pl. 13. — IBIS FALCINELLE ou FALCINELLE ÉCLATANT — *Falcinellus igneus.* Gray, *et* Gmelin et Linnæus	28
Pl. 14. — COURLIS CENDRÉ — *Numenius arquatus.* Latham	32
Pl. 15. — COURLIS CORLIEU — *Numenius phæopus.* Latham	34
Pl. 16. { COURLIS A BEC GRÊLE — *Numenius tenuirostris.* Vieillot	36
Pl. 16. { AVOCETTE A NUQUE NOIRE — *Recurvirostra avocetta.* Linnæus	38

II.

a

4° S

850

A placer
en face la Page

Pl. 17. { PHALAROPE FULICAIRE ou DENTELÉ — *Phalaropus fulicarius*. Bonaparte, *ex Linnæus*............ 40

PHALAROPE HYPERBORÉ — *Phalaropus hyperboreus*. Latham, *ex Linnæus*........ 40

Pl. 18. { CHEVALIER GRIS ou ABOYEUR — *Totanus glottis*. Bechstein............ 44

CHEVALIER BRUN ou ARLEQUIN — *Totanus fuscus*. Bechstein, *ex Linnæus*..... 44

Pl. 19. { CHEVALIER GAMBETTE ou A PIEDS ROUGES — *Totanus calidris* — Bechstein, *ex Linnæus*............ 46

CHEVALIER STAGNATILE ou AUX PIEDS VERTS — *Totanus stagnatilis*. Bechstein............ 46

Pl. 20. — CHEVALIER CUL-BLANC — *Totanus ochropus*. Temminck, *ex Linnæus*............ 46

Pl. 21. { CHEVALIER GUIGNETTE — *Totanus hypoleucos*. Temminck, *ex Linnæus*............ 48

CHEVALIER SYLVAIN — *Totanus glareola*. Temminck, *ex Linnæus*............ 48

Pl. 22. — BÉCASSEAU COMBATTANT — *Tringa pugnax*. Linnæus............ 50

Pl. 23. — BÉCASSEAU PLATYRHYNQUE — *Tringa platyrhyncha*. Temminck............ 52

Pl. 24. { BÉCASSEAU TEMMIA — *Tringa Temminckii*. Leisler............ 54

BÉCASSEAU ÉCHASSE ou MINULE — *Tringa minuta*. Leisler............ 54

Pl. 25. { BÉCASSEAU MARITIME — *Tringa maritima*. Brünnich............ 54

BÉCASSEAU CANUT ou MAUBÊCHE — *Tringa canutus*. Linnæus............ 54

Pl. 26. { BÉCASSEAU BRUNETTE ou VARIABLE — *Tringa cinclus*. Linnæus............ 56

BÉCASSEAU COCORLI — *Tringa subarcuata*. Temminck, *ex Güldenstein*............ 56

Pl. 27. — BÉCASSEAU SANDERLING ou DES SABLES — *Tringa arenaria*. Linnæus............ 58

Pl. 28. — BÉCASSEAU TOURNE-PIERRE — *Tringa interpres*. Linnæus............ 60

Pl. 29. { GRANDE ou DOUBLE BÉCASSINE — *Gallinago major*. Leach, *ex Gmelin*............ 62

BÉCASSINE ORDINAIRE — *Gallinago scolopacinus*. Bonaparte............ 62

Pl. 30. { PETITE BÉCASSINE ou BÉCASSINE SOURDE — *Gallinago gallinula*. Bonaparte, *ex Linnæus*............ 64

BÉCASSE ORDINAIRE — *Scolopax rusticola*. Linnæus............ 64

Pl. 31. { BARGE A QUEUE NOIRE — *Limosa ægocephala*. Leach, *ex Linnæus*............ 68

BARGE ROUSSE — *Limosa rufa*. Brisson............ 68

Pl. 32. — ÉCHASSE A MANTEAU NOIR — *Himantopus melanopterus*. Meyer............ 70

Pl. 33. — GLARÉOLE A COLLIER — *Glareola torquata*. Meyer............ 74

Pl. 34. — HUITRIER-PIE — *Hæmatopus ostralegus*. Linnæus............ 78

Pl. 35. — ŒDICNÈME CRIARD — *Œdicnemus crepitans*. Temminck............ 80

Pl. 36. { PLUVIER DORÉ — *Charadrius pluvialis*. Linnæus............ 84

PLUVIER GUIGNARD — *Charadrius morinellus*. Linnæus............ 84

		À placer en face la Page
Pl. 37. {	GRAND PLUVIER A COLLIER — *Charadrius hiaticula.* Linnæus	86
	PETIT PLUVIER A COLLIER — *Charadrius minor.* Meyer	86
Pl. 38.	PLUVIER A COLLIER INTERROMPU — *Charadrius cantianus.* Latham	88
Pl. 39. {	VANNEAU SUISSE ou VANNEAU PLUVIER — *Vanellus melanogaster.* Bechstein	90
	VANNEAU HUPPÉ — *Vanellus cristatus.* Meyer et Wolf, ex Linnæus	90
Pl. 40. {	FOULQUE NOIRE ou MACROULE — *Fulica atra.* Linnæus	94
	FOULQUE A CRÊTE — *Fulica cristata.* Gmelin	94
Pl. 41.	POULE D'EAU ORDINAIRE ou D'EUROPE — *Gallinula chloropus.* Latham, ex Linnæus	96
Pl. 42.	PORPHYRION BLEU ou POULE SULTANE — *Porphyrio veterum.* Bonaparte, ex Gmelin	100
Pl. 43. {	RALE DES GENÊTS ou DES PRÉS — *Rallus crex.* Linnæus	101
	RALE MAROUETTE — *Rallus porzana.* Linnæus	104
Pl. 44. {	RALE POUSSIN — *Rallus minutus.* Pallas	106
	RALE DE BAILLON — *Rallus Baillonii.* Vieillot	106
Pl. 45.	RALE D'EAU — *Rallus aquaticus.* Linnæus	108
Pl. 46.	TURNIX TACHYDROME — *Turnix sylvaticus.* Bonaparte	110
Pl. 47.	OUTARDE BARBUE — *Otis tarda.* Linnæus	114
Pl. 48.	OUTARDE CANNEPETIÈRE — *Otis tetrax.* Linnæus	116
Pl. 49.	SYRRHAPTE PARADOXAL — *Syrrhaptes paradoxus.* Lichtenstein ex Pallas	124
Pl. 50.	GANGA UNIBANDE — *Pterocles arenarius.* Temminck, ex Pallas	126
Pl. 51.	GANGA CATA — *Pterocles alchata.* Lichtenstein, ex Linnæus	128
Pl. 52-53.	LAGOPÈDE BLANC — *Lagopus albus.* Vieillot	130
Pl. 54.	LAGOPÈDE PTARMIGAN — *Lagopus mutus.* Martin	130
Pl. 55.	LAGOPÈDE D'ÉCOSSE — *Lagopus scoticus.* Leach	132
Pl. 56	TÉTRAS GÉLINOTTE — *Tetrao bonasia.* Linnæus	134
Pl. 57.	TÉTRAS BIRKHAHN ou A QUEUE FOURCHUE — *Tetrao tetrix.* Linnæus	136
Pl. 58.	TÉTRAS AUERHAHN ou GRAND COQ DE BRUYÈRE — *Tetrao urogallus.* Linnæus	138
Pl. 59.	TETRAOGALLE DU CAUCASE. — *Tetraogallus Caucasicus.* Gray, ex Pallas	142
Pl. 60. {	PERDRIX ROUGE. — *Perdix rubra.* Brisson	144
	PERDRIX BARTAVELLE. — *Perdix saxatilis.* Meyer et Wolf	144
Pl. 61. {	PERDRIX GAMBRA — *Perdix petrosa.* Latham, ex Gmelin	148
	PERDRIX CHUKAR. — *Perdix Chukar.* G. R. Gray	148

A placer
en face la Page

Pl. 62. { STARNE GRISE. — *Starna cinerea.* Bonaparte, ex Gmelin............. 152
        { STARNE BARBUE. — *Starna barbata.* O. des Murs et J. Verreaux 152

Pl. 63. — CAILLE COMMUNE — *Coturnix communis.* Bonnaterre........ 154

Pl. 64. — FRANCOLIN VULGAIRE ou A COLLIER ROUX — *Francolinus vulgaris.*
          Stephen.................... ,... ....\... .. 156

Pl. 65 — FAISAN DE COLCHIDE — *Phasianus colchicus.* Linné..... 162

TABLE MÉTHODIQUE DES MATIÈRES

DES OISEAUX DE RIVAGE ET DE TERRE

Pages

LES OISEAUX DE RIVAGE. — Considérations générales............ 3

ORDRE DEUXIÈME. — LES OISEAUX DE RIVAGE ou *ÉCHASSIERS*.......... 7

1re TRIBU. — Tantalidés................................. 7

   1re FAMILLE. — Ardéinés ou Hérons........................ 8
    Groupe générique unique. — Héron *(Ardea)*.............. 10
   2e FAMILLE. — Spatulinés ou Spatules.................... 17
    Groupe générique unique. — Spatule *(Platalea)*.......... 18
   3e FAMILLE. — Ciconiinés ou Cigognes.................... 19
    Groupe générique unique. — Cigogne *(Ciconia)*.......... 21
   4e FAMILLE. — Gruinés ou Grues........................ 23
    Groupe générique unique. — Grue *(Grus)*.......... 25
   5e FAMILLE. — Tantalinés ou Tantales.................... 27
    Groupe générique unique. — Tantale Falcinelle *(Tantalus Fal-*
    cinellus)................................... 29

2e TRIBU. — Scolopacidés ou Bécasses.................... 31

   1re FAMILLE. — Courlis............................. 32
    Groupe générique unique. — Courlis *(Numenius)*.......... 33
   2e FAMILLE. — Avocettinés ou Avocettes.................. 36
    Groupe générique unique. — Récurvirostre ou Avocette
    (Recurvirostra)............................... 37

Pages

3ᵉ Famille. — Phalaropodinés ou Phalaropes 38
    Groupe générique unique. — Phalarope *(Phalaropus).* 40
4ᵉ Famille. — Totaninés ou Chevaliers. 42
    Groupe générique unique. — Chevalier *(Totanus)* 44
5ᵉ Famille. — Tringinés ou Bécasseaux. 50
    Groupe générique unique. — Bécasseau *(Tringa)* 51
6ᵉ Famille. — Scolopacinés ou Bécasses. 59
    1ᵉʳ *Groupe générique.* — Bécassine *(Gallinago).* 61
    2ᵉ *Groupe générique.* — Bécasse *(Scolopax).* 64
7ᵉ Famille. — Limosinés ou Barges. 66
    Groupe générique unique. — Barge *(Limosa).* 68
8ᵉ Famille. — Himantopodinés ou Échasses. 70
    Groupe générique unique (1). — Échasse proprement dite
    (Himantopus) 71

3ᵉ *TRIBU.* — Charadriidés ou Pluviers. 73

1ʳᵉ Famille. — Glaréolinés ou Glaréoles. 73
    Groupe générique unique. — Glaréole *(Glareola).* 75
2ᵉ Famille. — Hœmatopodinés ou Huîtriers. 78
    Groupe générique unique. — Huîtrier *(Hœmatopus).* 79
3ᵉ Famille. — OEdicnóminés ou OEdicnèmes. 80
    Groupe générique unique. — OEdicnème *(OEdicnemus).* 81
4ᵉ Famille. — Charadriinés ou Pluviers proprement dits 83
    Groupe générique unique. — Pluvier *(Charadrius).* 84
5ᵉ Famille. — Vanellinés ou Vanneaux. 88
    Groupe générique unique. — Vanneau *(Vanellus).* 89

4ᵉ *TRIBU.* — Fulicidés ou Poules d'Eau. 92

1ʳᵉ Famille. — Fulicinés ou Foulques. 93
    Groupe générique unique. — Foulque *(Fulica).* 95
2ᵉ Famille. — Gallinulinés ou Poules d'eau proprement dites 97
    Groupe générique unique. — Poule d'eau *(Gallinula).* 98
3ᵉ Famille. — Porphyrioninés ou Porphyrions, ou Talèves. 99
    Groupe générique unique. — Porphyrion *(Porphyrio).* 100
4ᵉ Famille. — Rallinés ou Rales proprement dits. 101
    Groupe générique unique. — Rale *(Rallus).* 103

(1) Par erreur on a fait précéder le titre de ce groupe, à la page 71, par un 7ᵉ.

Pages

5ᵉ *TRIBU*. — Gralles ou Échassiers Coureurs................... 109

1ʳᵉ Famille. — Turnicinés ou Turnix................... 110
Groupe générique unique. — Turnix (*Turnix*)............. 111
2ᵉ Famille. — Otidinés ou Outardes................... 112
Groupe générique unique. — Outarde (*Otis*)............. 114

LES OISEAUX DE TERRE. — Considérations générales.......... 121

Ordre troisième. — Les Oiseaux de terre ou *Coureurs*............ 121

1ʳᵉ *TRIBU*. — Tétraonidés ou Tétras.................... 123

1ʳᵉ Famille. — Ptéroclinés ou Gangas................... 123
1ᵉʳ Groupe générique. — Syrrhapte (*Syrrhaptes*)........... 125
2ᵉ Groupe générique. — Ganga (*Pterocles*)............. 127
2ᵉ Famille. — Lagopédinés................... 129
Groupe générique unique. — Lagopède (*Lagopus*).......... 130
3ᵉ Famille. — Tétraoninés ou Tétras................... 133
Groupe générique unique. — Tétras (*Tetrao*)............. 134

2ᵉ *TRIBU*. — Perdicidés ou Perdrix.................... 140

1ʳᵉ Famille. — Tétrao-Gallinés ou Tétraogalles.............. 140
Groupe générique unique. — Tétraogalle (*Tetraogallus*)..... 142
2ᵉ Famille. — Perdicinés ou Perdrix proprement dites.......... 144
1ᵉʳ Groupe générique. — Perdrix (*Perdix*)............. 145
2ᵉ Groupe générique. — Starne (*Starna*)............. 150
3ᵉ Famille. — Coturnicinés ou Cailles................... 153
Groupe générique unique. — Caille (*Coturnix*)............ 154
4ᵉ Famille. — Francolininés ou Francolins................... 156
Groupe générique unique. — Francolin (*Francolinus*)....... 157

3ᵉ *TRIBU*. — Gallidés.................... 160

1ʳᵉ Famille. — Phasianinés ou Faisan................... 160
Groupe générique unique. — Faisan (*Phasianus*)........ 162
2ᵉ Famille. — Gallinés ou Coqs................... 164
Groupe générique unique. — Coq (*Gallus*)............ 165

LES OISEAUX DE RIVAGE

LES OISEAUX DE RIVAGE

CONSIDÉRATIONS GÉNÉRALES

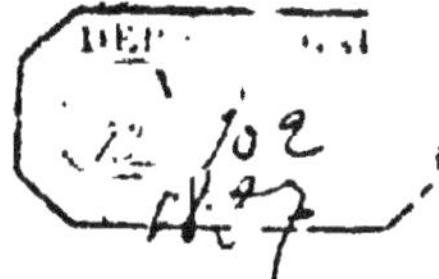

Nous arrivons au moment où les terres émergées du sein des eaux, dans la proportionnalité nécessaire à leur équilibre et à leur pondération réciproques, les animaux de la classe des oiseaux doivent se modifier dans les mêmes conditions relatives. Nous ne sommes plus en présence de ces immenses surfaces liquides qui en laissaient percevoir à peine les rares points culminants, et dont les effluves délétères et les décompositions organiques ont trouvé tous les moyens auxiliaires d'épuration dans l'ordre des oiseaux nageurs.

Tout commence à se classer : aux terres immergées succèdent les marécages, soit au voisinage des mers, soit dans l'intérieur des nouveaux continents, soit le long des fleuves et des rivières qui prennent leur cours au fur et à mesure que leur réceptacle commun se fait son lit en se retirant. Avec ces marécages, terres à moitié solides, à moitié liquides, surgissent aussi les immenses forêts et les vastes plaines de fange dont les savanes noyées du nouveau monde peuvent seules donner l'idée.

Comme équilibre à ces éléments de destruction, comme moyens auxiliaires de la salubrité et de l'assainissement indispensables à l'économie générale de la nature, il fallait, dans la classe des oiseaux, un ordre correspondant à ces modifications planétaires.

. A côté, ou plutôt à la suite des oiseaux qui sont navigateurs et à pieds palmés, la nature a donc placé les oiseaux de rivages ou à pieds plus ou moins divisés, qui, bien que différents par les formes, ont néanmoins plusieurs rapports et quelques habitudes communes avec eux. Ils sont taillés sur un autre modèle, et cela devait être ; leur corps grêle et de figure élancée, leurs pieds dénués de membranes, ou ne les ayant qu'imparfaites, ne leur permettent, que très exceptionnellement, de plonger et de se soutenir sur l'eau, si ce n'est pour en traverser de faibles largeurs ; ils ne peuvent généralement qu'en suivre les rives. Montés sur de très longues jambes, avec un cou tout aussi long, ils n'entrent que dans les eaux basses, où ils peuvent marcher ; ils cherchent dans la vase la pâture qui leur convient ; ils sont, pour ainsi dire, amphibies à leur manière, attachés aux limites de la terre et de l'eau, comme pour en faire le commerce vivant, ou plutôt pour former en ce genre les degrés et les nuances des différentes habitudes qui résultent de la diversité des formes dans tout être organisé. Ils se distinguent en effet en trois groupes bien distincts : les Echassiers proprement dits, les Echassiers Grailes, et les Echassiers coureurs.

Un assez grand nombre d'espèces, toutes des pays tropicaux, portent aux ailes de fortes épines ou éperons plus ou moins développés, qui sont bien réellement des armes parfois très redoutables.

C'est peut-être chez ces oiseaux, ainsi que l'observe Carus, que le sens du toucher est le plus accusé, ou du moins qu'on en saisit le plus d'apparence ou de probabilité, soit à l'extrémité du bec, soit à la plante des pieds.

Cet ordre, on le voit, est suffisamment caractérisé dans son ensemble, et sous le rapport des formes et sous celui des aptitudes. Seulement, par le rang même qu'il occupe immédiatement après l'ordre des Nageurs, par la modification nouvelle du double milieu que les oiseaux qui le composent sont appelés à fréquenter, on s'explique que bon nombre d'entre eux ait conservé quelque trace de l'aptitude à la natation de ces derniers, et que, soit pour rechercher leur nourriture, soit pour échapper à un danger, ils quittent parfois le sol vaseux et se réfugient dans les eaux qui l'avoisinent.

Les uns nichent sur les eaux ou au bord des eaux, les autres sur le sol ou sur le sable, et plusieurs sur les arbres, la nature semblant prendre à tâche de suivre la même marche, en dépit de la science et de la méthode, qui, elles, voudraient circonscrire les mœurs et les habitudes des oiseaux dans le cercle étroit des caractères extérieurs qu'ils présentent.

Les Gralles ou Echassiers se composent des cinq tribus suivantes :

TANTALIDÉS. — *Tantalidæ.*

SCOLOPACIDÉS. — *Scolopacidæ.*

CHARADRIDÉS. — *Charadridæ.*

FULICIDÉS. — *Fulicidæ.*

GRALLIDÉS. — *Grallidæ.*

LES OISEAUX DE RIVAGE

ou ÉCHASSIERS, *GRALLÆ*

1re TRIBU

TANTALIDÉS, *TANTALIDÆ*

Les plus grands et les plus forts des Échassiers d'Europe ; ils sont caractérisés par l'allongement de leurs tarses, de leur cou et de leur bec, plus ou moins droit, ou incliné, ou recourbé, parfois aplati.

Ils vivent et voyagent en société, et nichent de même soit à terre et dans les herbes, soit sur les arbres et même sur les habitations.

Leur régime, essentiellement animal, se compose de poissons, de reptiles, de mollusques auxquels ils joignent de petits rongeurs.

Ils se divisent en cinq familles :

ARDÉINÉS. — *Ardeinæ.*

PLATALÉINÉS. — *Plataleinæ.*

CICONIINÉS. — *Ciconiinæ.*

GRUINÉS. — *Gruinæ.*

TANTALINÉS. — *Tantalinæ.*

1re FAMILLE

ARDÉINÉS ou HÉRONS (Ardeinæ).

Il est bien évident, nous l'avons dit et publié il y a longtemps, que les mœurs des Hérons, telles que les écrivains naturalistes ont pris l'habitude de nous dépeindre celles de l'un des principaux types, notre Héron cendré d'Europe, ne sont que des mœurs de circonstance et de dégénérescence, et non celles que la nature leur a départies. Il suffit de comparer ce qui se passe à l'égard de ces oiseaux, dans nos pays civilisés, avec ce qui se voit dans les pays où ils ont moins à craindre le contact pernicieux et les poursuites incessamment hostiles de l'homme.

Les Ardéinés ou Hérons vivent généralement sur les bords des lacs ou des rivières, ou dans les marais. Leur nourriture consiste en poissons, en grenouilles, moules d'eau douce, campagnoles, musaraignes, ainsi que de toutes sortes d'insectes, de limaçons et de vers. Ils nichent en grandes troupes dans le même lieu. Pour voler, ils raidissent les jambes en arrière, renversent le cou sur le dos, le plient en trois parties, y compris la tête et le bec, de façon que de bas en haut on ne voit point de tête, mais seulement un bec qui paraît sortir de la poitrine ; leurs ailes sont fort concaves, et frappent l'air par un mouvement égal et réglé. Ils émigrent en bandes nombreuses et sont de passage périodique. Dans toutes les espèces on observe quatre espaces garnis d'un duvet cotonneux. Quelques-unes sont ornées sur le dos de longues plumes à barbes décomposées, qui ne reparaissent pas aussi promptement que les autres plumes du corps ; l'oiseau en est dépourvu pendant une partie de l'hiver ; les huppes et autres ornements poussent aussi très tard chez les jeunes. Les sexes n'offrent aucune différence caractérisée dans le plumage.

Leurs pieds sont longs et grêles ; le doigt du milieu n'est réuni que par une membrane au doigt extérieur, l'intérieur restant libre ; l'ongle qui termine le doigt médian est dentelé en dedans comme un peigne.

Cette famille, dont on connaît aujourd'hui une centaine d'espèces réparties dans toutes les contrées du globe, a été fractionnée en plus de vingt groupes génériques, dont cinq seulement sont représentées en Europe : Hérons, *Ardea* ; Aigrettes, *Egretta* ; Bihoreau, *Nycticorax* ; Butor, *Botaurus* ; et Blongios, *Ardeola*, que nous comprenons tous dans un même groupe, celui des Hérons.

Tous généralement vivent en colonies et établissent leurs nids sur les arbres.

GROUPE GÉNÉRIQUE UNIQUE
HÉRON, *ARDEA* (Linn.).

Bec plus long que la tête, ou régulièrement conique et droit, ou légèrement incliné, sillonné à partir des fosses nasales, échancré au bout de la mandibule supérieure, qui est tantôt unie, tantôt finement dentelée sur les bords ; narines basales, en fissure longitudinale parallèle au bec ; ailes obtuses, à rémiges avec ou sans échancrure, les trois premières presque égales, la deuxième dépassant un peu les autres ; queue médiocre, égale ou carrée ; jambes emplumées dans la moitié de leur longueur, aréolées dans le reste ; tarses égaux au doigt du milieu, ou un peu plus longs, scu-tellés en devant, réticulés en arrière ; doigt médian uni par une membrane à l'externe jusqu'à la première articula-tion et à l'interne par un court repli membraneux ; ongle du doigt médian profondément pectiné.

Tête ornée d'une aigrette pendante à la nuque, de cinq ou six plumes longues et effilées ; celles du jabot retombant en fanon ; celles des scapulaires et du milieu du dos allon-gées, dures, raides, étroites et décomposées.

Renferme cinq espèces, connues de Buffon et de Linnée.

Les œufs de toutes les espèces sont unicolores, soit bleuâtres, soit blancs et sans taches.

PL. 1. — HÉRON CENDRÉ.

Ardea cinerea (Linn.).

Mâle adulte : de longues plumes effilées, d'un beau noir lui-sant, retombant derrière la tête ; des plumes semblables, mais d'un blanc lustré, pendantes au bas du cou ; celles des scapulaires également allongées et subulées, d'un cendré argentin ; front, cou, milieu du ventre, bord des ailes et cuisses d'un blanc pur ; tout le devant du cou flammé de grandes taches longitudinales noires et cendrées; dos et ailes d'un cendré bleuâtre très pur. Bec d'un jaune foncé; iris jaune; peau nue des lorums d'un pourpre-bleuâtre; pieds bruns, mais d'un rouge vif vers la partie emplumée; ongles noirs. Taille d'un peu plus d'un mètre.

Habite l'Europe, l'Asie et l'Afrique; très abondant en Hollande; se trouve toute l'année en France, dans le Languedoc et à l'embouchure du Rhône; du mois de mars aux mois de septembre et d'octobre dans les autres départements; en Angleterre, en Hollande, en Allemagne, au sud de la Russie, en Suisse, en Savoie et en Italie.

Niche généralement sur les arbres, chênes, hêtres, frênes et sapins, soit en plaine, soit en montagne; souvent à terre et dans les roseaux, plus rarement au milieu des rochers, sur les bords de la mer. Pond trois à cinq œufs d'un bleu azuré pâle et sans taches, mesurant de cinq à six centimètres sur quatre ou quatre et demi.

Les lieux les plus fréquentés par eux, et où ils se réunissent en espèces de colonies, en ont pris leur nom de *héronnières*.

D'ordinaire, placés sur les ramifications des plus fortes branches, ces nids, faits de branchages et de racines, sont si négligemment construits, que l'on peut compter quelquefois par-dessous le nombre des œufs ou des petits.

Les Hérons ne recherchent pourtant pas d'une manière exclusive les arbres pour y asseoir leurs nids. Selon les localités ou leurs besoins, ils s'accommodent fort bien parfois des anfractuosités des rochers, en compagnie des Oiseaux de mer.

Dans diverses parties de l'Europe, et particulièrement dans les Pays-Bas, on crée des héronnières artificielles, non plus par agrément, mais par utilité. Dans un assez long séjour que nous avons fait en Hollande, nous avons eu occasion d'en observer au milieu de ces immenses polders, vrais marécages submergés et privés de tout. On plante des poteaux de quinze ou vingt pieds, goudronnés à la base, et l'on établit au sommet une vieille roue horizontale. C'est sur ces supports d'un nouveau genre que les Hérons viennent établir leurs nids , où ils reviennent chaque année.

Mais le plus ordinairement, au lieu de ces énormes poteaux, c'est sur de grandes côtes de baleines, ne craignant pas l'humidité, que l'on établit ces roues pour les nids de Hérons ; on les remplace, parfois, par de grosses solives disposées en carré. Il n'est pas rare, à la proximité des villages ou des fermes, de voir des Hérons venir à la file demander leur picorée et la recevoir des mains des jolies fermières.

C'est une preuve du besoin impérieux qu'éprouvent les Hérons de se réunir en société.

PL. 2. — HÉRON POURPRÉ.

Ardea purpurea (Linn.).

Mâle adulte : longues plumes effilées d'un noir verdâtre pendantes derrière la tête ; plumes d'un blanc pourpré au bas de la partie antérieure du cou ; celles allongées et subulées des scapulaires d'un roux pourpré très brillant ; sommet de la tête et occiput d'un noir à reflets verdâtres ; gorge blanche ; parties latérales du cou d'un beau roux ; trois bandes longitudinales très étroites sur cette couleur ; devant du cou marqué de taches longitudinales rousses, noires et pourprées ; dos, ailes et queue d'un cendré roussâtre à reflets verdâtres ; cuisses et abdomen roux ; flancs et poitrine d'un roux éclatant. Bec et peau nue des yeux d'un brun jaune ; iris jaune orange ; plante des pieds, partie postérieure du tarse et la nudité au-dessus des genoux, jaunes ; devant du tarse et squamelles des doigts brun verdâtre ; ongles noirs. Taille d'environ quatre-vingt centimètres.

Habite l'Europe, l'Asie et l'Afrique ; se montre et se reproduit dans diverses parties de la France ; assez commun, mais moins abondant en Hollande que le précédent.

Niche et vit dans les roseaux, au bord des lacs, ou dans les bois en taillis et dans les buissons des terrains marécageux, rarement sur les arbres. Pond trois œufs d'un blanc verdâtre, qui mesurent cinq centimètres et demi sur quatre. .

PL. 3. — HÉRON AIGRETTE.

Ardea egretta (Bechst.). — *Ardea alba* (Linn.). — *Egretta alba* (Bonap., *ex* Linn.).

Mâle adulte : tout le plumage d'un blanc pur ; une petite huppe pendante derrière la tête ; quelques plumes longues de près de cinquante centimètres dépassant la queue, à baguettes fortes et droites, à barbes rares et effilées. Bec d'un jaune verdâtre, souvent noir à la pointe ; peau nue des yeux verdâtre ; iris jaune brillant ; pieds verts et d'un brun verdâtre ; ongles noirs. Taille de un mètre à un mètre dix centimètres.

Habite l'Europe et l'Afrique septentrionale ; abondant en Hongrie, en Pologne, sur le Pont-Euxin, dans l'Archipel, en Sardaigne et en Sicile.

Niche sur les arbres ou dans les roseaux. Un nid trouvé sur la rive du Boug, par M. Nordmann, était élevé sur une couche de roseaux et d'herbes, haute de un mètre vingt centimètres. Pond trois ou quatre œufs d'un vert bleuâtre, qui mesurent de cinq à six centimètres sur quatre et quatre et demi.

Les plumes du dos, que l'oiseau relève quand il est agité, sont celles qui, sous le nom d'*aigrettes*, entrent dans les coiffures, en Orient et dans les ornements d'églises.

C'est le type du groupe générique *Egretta* de Ch. Bonaparte.

PL. 4. — HÉRON GARZETTE.

Ardea garzetta (Linn.). — *Egretta garzetta* (Bonap., *ex* Linn.).

Mâle adulte : en entier d'un blanc pur ; quelques plumes occipitales retombant derrière la tête en forme de huppe ; plumes semblables et luisantes au bas de la partie antérieure du cou ; sur le haut du dos, trois rangées de plumes conformées comme celles de l'Aigrette, mais moins longues et ne dépassant pas la queue, à baguettes plus faibles, contournées et relevées vers la pointe. Bec noir ; peau nue des yeux verdâtre ; iris d'un beau jaune ; partie inférieure du tarse et doigts d'un jaune verdâtre ; ongles noirs. Taille : environ cinquante-cinq centimètres.

La Garzette est répandue dans le midi de l'Europe et dans toutes les parties du monde, excepté l'Amérique, assez abondante en Sicile, en Sardaigne, dans quelques parties de l'Italie, en Bessarabie et en Moldavie, dans les îles du Danube et en Turquie.

Niche en société et, quoique perchant fréquemment, c'est à terre et au milieu des roseaux qu'elle établit son nid et non sur les arbres. Pond de trois à cinq œufs d'un bleu verdâtre clair, mesurant trois centimètres et demi sur trois et demi.

La Garzette, comme l'Aigrette, a les mêmes habitudes que le Héron cendré.

HERON CRABIER.

Ardea ralloïdes (Scopoli). — *Buphus comatus* (Boïé, *ex* Linn.).

Mâle adulte : front et sommet de la tête ornés de longues plumes jaunâtres rayées de noir ; à l'occiput huit ou dix plumes étroites et longues retombant en arrière, blanches et bordées de noir ; gorge blanche ; cou, haut du dos et scapulaires roux clair ; plumes du dos longues et effilées, d'un marron clair ; tout le reste du plumage blanc pur. Bec bleu d'azur à la base, noir à la pointe ; peau nue des yeux d'un gris verdâtre ; iris jaune ; pieds jaunes nuancés de verdâtre. Taille de quarante à quarante-deux centimètres.

Habite l'Europe et l'Afrique ; assez commun en Sicile, en Italie, dans l'Archipel, en Turquie et dans le sud de la Russie ; très fréquent à son passage en Suisse et dans les parties méridionales de l'Allemagne et de la France..

Niche tantôt et le plus souvent sur les arbres, tantôt dans les roseaux ; pond trois ou quatre œufs d'un bleuâtre clair, mesurant environ quatre centimètres sur trois.

On peut le conserver en domesticité, il y vit parfaitement.

Il se nourrit de petits crabes, d'où son nom , de petites écrevisses, de petits lézards et d'insectes aquatiques.

C'est le type du groupe générique *Buphus* de Boïé.

PL. 5. — HÉRON BLONGIOS.

Ardea minuta (Linn.). — *Ardeola minuta* (Bonap., *ex* Linn.).

Mâle adulte : sommet de la tête , occiput, dos, scapulaires et les premières des rémiges secondaires, ainsi que la queue, d'un beau noir à reflets verdâtres ; côtés de la tête, cou, couvertures des ailes et toutes.les parties inférieures d'un jaune roussâtre ; rémiges primaires d'un noir cendré. Bec jaune avec la pointe brune ; tour des yeux et iris jaunes ; pieds d'un jaune verdâtre. Taille : trente-cinq centimètres.

C'est le plus petit de la famille et le type du groupe générique *Ardeola* de Ch. Bonaparte.

Habite l'Europe, l'Asie et l'Afrique ; commun et répandu en France, en Hollande, en Suisse, en Sicile et dans la Russie méridionale ; de passage en Angleterre.

Niche au milieu des joncs, parfois sur les buissons et les tamaris ou sur de vieilles souches au bord des eaux ; pond de cinq à six œufs blancs, mesurant trois centimètres et demi sur deux et demi.

PL. 6. — HÉRON GRAND BUTOR.

Ardea stellaris (Linn.). — *Botaurus stellaris* (Steph., *ex* Linn.).

Mâle adulte : larges moustaches et sommet de la tête noirs ; tout le fond du plumage d'un roux jaunâtre très clair, marqué sur les côtés du cou par des zigzags bruns, et sur le devant par des taches brunes et rousses ; sur les parties inférieures de grands traits noirs et longitudinaux ; marqué de noir sur les plumes du haut du dos. et de zigzags noirs et bruns sur les couvertures des ailes, dont les grandes rémiges sont rayées alternativement de roux clair et de cendré noirâtre. Bec brun à la mandibule supérieure qui a les bords jaunâtres, d'un jaune verdâtre à la mandibule inférieure ; iris jaune, tour des yeux et pieds d'un jaune verdâtre. Taille de soixante à soixante-cinq centimètres et plus.

Habite toute l'Europe, l'Asie et le nord de l'Afrique.

Niche presque sur l'eau au milieu des roseaux ; pond trois ou quatre œufs d'un jaunâtre sale ou roussâtre clair uniforme, qui mesurent de cinq centimètres et demi sur trois à quatre.

C'est le type du groupe générique *Botaurus* de Stephens, et l'on peut dire le grotesque des Hérons par l'aspect ébouriffé et désordonné de son plumage et ses contorsions dans certaines circonstances. .

Il se nourrit de poissons, de grenouilles, de reptiles, dans ses longues stations auprès des eaux et sur leurs vases ; dans les bois où on le rencontre quelquefois, ce sont les mulots, les campagnols et les souris qui l'attirent et qu'il avale d'un trait.

PL. 7. — HÉRON BIHOREAU ou BIHOREAU GRIS

Ardea nycticorax (Linn.). — *Nycticorax europæus* (Steph.).

Mâle adulte : tête, occiput, haut du dos et scapulaires d'un noir à reflets bleuâtres et verdâtres ; nuque ornée de trois plumes blanches très étroites, subulées. longues de seize à vingt centimètres, retombant jusque sur les épaules ; partie inférieure du dos, ailes et queue d'un cendré pur ; front, espace au-dessus des yeux, gorge, devant du cou, ventre et abdomen d'un blanc pur. Bec noir, jaunâtre à sa base ; iris rouge ; peau nue des yeux et pieds d'un jaune verdâtre. Taille : cinquante-deux à cinquante-cinq centimètres.

C'est le type du groupe générique *Nycticorax* (corbeau de nuit) de Stephens.

Habite l'Europe, l'Asie, l'Afrique et l'Amérique ; répandu partout en Europe.

Niche aussi souvent, si ce n'est plus, sur les arbres que dans les joncs et les roseaux ; pond de trois à quatre œufs d'un bleu verdâtre très pâle, mesurant cinq centimètres sur trois et demi.

Leur nourriture se compose de poissons, crevettes, grenouilles, lézards aquatiques, sangsues, petits crustacés, de toutes sortes d'insectes d'eau, et même de souris dont ils semblent s'accommoder aussi bien que de tout le reste.

2ᵉ FAMILLE

SPATULINÉS ou SPATULES. — Spatulinæ.

Les Spatulinés, ou Spatules, ne sont guère, à bien prendre, que des Hérons, ou pour mieux dire des Cigognes dont, selon la remarque de G. Cuvier, elles ont presque toute la structure et presque toutes les habitudes, à bec aplati.

Le nom de *Spatule*, donné aux oiseaux de cette famille, caractérise parfaitement la forme extraordinaire de leur bec. Ce bec, aplati dans toute sa longueur, s'élargit en effet vers l'extrémité en manière de spatule et se termine en deux plaques arrondies trois fois aussi larges que le corps du bec même, configuration anormale, comme dit Klein.

La famille ne comprend qu'un seul groupe générique, quoique Ch. Bonaparte ait cru devoir en établir un, sous le nom de *Platibis*, pour une espèce de la Nouvelle-Hollande.

GROUPE GÉNÉRIQUE UNIQUE
SPATULE, *PLATALEA* (Linn.).

Bec du double de longueur de la tête, très aplati, à extrémité dilatée, arrondie en forme de disque ou de spatule, à mandibule supérieure cannelée, transversalement sillonnée à sa base; narines à la surface du bec, rapprochées, oblongues, ouvertes, bordées par une membrane; face, tête et menton en partie ou entièrement nus; touffe de plumes à l'occiput, allongées, retombant en arrière; tarses forts, de la longueur du doigt médian; doigts réunis jusqu'à la seconde articulation par des membranes profondément découpées, le pouce long, un peu relevé au-dessus du talon, l'ongle seul touchant à'terre; ailes médiocres, amples, la première et la troisième rémiges égales, la seconde la plus longue; queue courte et carrée.

De huit espèces, dont deux connues de Buffon et de Linné, une seule appartient à l'Europe.

PL. 8. — SPATULE BLANCHE.

Platalea leucorodia (Linn.).

Mâle adulte : tout le plumage d'un blanc pur, à l'exception de celui de la poitrine, où se dessine un large plastron d'un jaune roussâtre, dont les extrémités remontent en une bande sur le dos et s'y réunissent; peau nue des yeux et de la gorge d'un jaune pâle, faiblement teinté de rouge au bas de celle-ci. Bec noir, bleuâtre dans le creux des sillons, et jaune d'ocre à la pointe; iris rouge; pieds et ongles noirs. Taille de soixante-dix à soixante-douze centimètres.

Habite l'Europe. l'Asie et l'Afrique ; se trouve en Perse, en Abyssinie, aux îles Canaries; se voit en Angleterre ; nulle part aussi commun qu'en Hollande, notamment dans les marais de Savenhuis, près de Leyde ; abondant et de passage régulier en Picardie, en Normandie et en Bretagne ; abondant également tout le long du Danube et sur les côtes de la mer Noire.

Niche à la sommité des grands arbres, sur les buissons, ou plus généralement dans les joncs qui avoisinent les côtes maritimes, les grands lacs ou les rivières ; construit son nid de bûchettes et y pond deux ou trois œufs acuminés d'un blanc sale, de six à sept centimètres de longueur.

Se nourrit de petits poissons, de chevrettes et d'insectes d'eau. Ne refuse pas de vivre en domesticité.

Le Muséum d'histoire naturelle de Paris a conservé, à plusieurs reprises, des Spatules vivantes dans la ménagerie.

3e FAMILLE

CICONIINÉS ou CIGOGNES.— Ciconiinæ.

Sauf les plumes occipitales allongées qui leur manquent, les Cigognes offrent presque exactement, dans leur ensemble, l'aspect des Hérons dont elles conservent les plumes allongées du bas du cou. Elles s'en distinguent organiquement par des narines percées de part en part, surtout par l'expansion membraneuse bordant les côtés des doigts ; enfin, par l'absence de toute émission de son guttural remplacé chez elles par un claquement retentissant des deux mandibules l'une sur l'autre, ce dont la Spatule vient, en petit, de nous donner le premier exemple.

Cette famille, dans la méthode, se compose, pour douze espèces, de huit groupes génériques, dont six appartiennent à toutes les contrées du monde, l'Europe exceptée, et dont les caractères différentiels sont assez considérables. N'ayant à nous occuper que de la faune ornithologique européenne, la famille se trouve forcément réduite à un seul groupe générique, *Ciconia*, quoique l'on en admette un second pour la seconde espèce, la Cigogne noire, créé par le docteur Reichenbach, sous le nom de *Melanopelargus*, que nous ne conservons pas pour insuffisance de caractères bien précis.

GROUPE GÉNÉRIQUE UNIQUE
CIGOGNE, *CICONIA* (Briss.).

Bec ou plus long que la tête, ou de même longueur, à
bords droits; sommet de la tête avec ou sans plumes, côtés
de la tête avec ou sans ornements; narines elliptiques, médianes, percées dans un sillon; ailes longues, subobtuses,
ou la deuxième rémige, ou les deuxième et troisième, égales,
les plus longues; tantôt les rémiges secondaires, à barbes
décomposées formant panache au bas du dos, tantôt les
grandes couvertures dépassant la queue, qui est toujours
courte et presque carrée; tarses beaucoup plus longs que
le doigt médian, tantôt écussonnés seulement sur le devant,
tantôt aérolés sur toutes leurs faces; le doigt médian uni au
doigt externe par une courte membrane, l'autre restant
libre; pouce légèrement relevé et ne touchant au sol que
par l'extrémité de l'ongle.

Ce groupe ne renferme que deux espèces, la Cigogne blanche
et la Cigogne noire.

PL. 9. — CIGOGNE BLANCHE.

Ciconia alba (Willugby). — *Ardea ciconia* (Linn.).

Mâle adulte : tête, cou et toutes les parties du corps d'un
blanc pur ; scapulaires et rémiges noires. Bec et pieds rouges ;
peau nue du tour des yeux noire ; celle du menton d'un noir
rougeâtre ; iris brun ; ongles noirs. Taille de un mètre quinze à
vingt centimètres.

Habite l'Europe, l'Asie et l'Afrique ; commun en Allemagne,
en Pologne, en Hollande et en France.

Niche sur les lieux élevés, dans les villes, les villages ou à proximité, sur les cheminées, les tours et les clochers, pourvu qu'on l'y laisse tranquille. Le nid est, en général, construit de bûchettes, de roseaux entrelacés, et garni en dedans de mousse ou de laine arrachée aux troupeaux; il renferme de deux à quatre œufs d'un blanc sale, mesurant huit centimètres et demi sur six.

En France, du temps de Belon, on plaçait des roues au haut des toits pour engager les Cigognes à y faire leur nid. Cet usage subsiste encore en Allemagne.

Dans les campagnes de l'Alsace, et dans tous les districts marécageux où la Cigogne blanche rend de grands services, en détruisant les serpents et les autres reptiles, les habitants lui préparent également une aire pour établir son nid; c'est aussi une vieille roue de voiture portée à plat par le trou du moyeu au haut d'un long mât.

Cette réputation de s'entr'aider dont jouissent les Cigognes n'est pas un vain mot.

Dans l'attitude du repos, la Cigogne se tient sur un pied; le cou replié, la tête en arrière et couchée sur l'épaule, elle guette les mouvements de quelque reptile, qu'elle fixe d'un œil perçant; les grenouilles, les lézards, les couleuvres et les petits poissons forment la proie qu'elle va cherchant dans les marais ou sur le bord des eaux et dans les vallées humides, quoiqu'elle ne dédaigne pas parfois les petits mammifères.

PL. 10.—CIGOGNE NOIRE.

Ciconia nigra (Belon). — *Ardea nigra* (Linn.).

Mâle adulte : tête, cou, toutes les parties supérieures du corps, ailes et queue noirâtres, avec des reflets pourpres et verdâtres; partie inférieure de la poitrine et ventre d'un blanc pur. Bec, peau nue des yeux et de la gorge rouge cramoisi; iris brun; pieds d'un rouge très foncé. Taille : à peu près un mètre.

C'est le type du groupe générique *Melanopelargus* de Reichenbach.

Habite l'Europe méridionale, les contrées chaudes de l'Asie et l'Afrique septentrionale; abondante en Hongrie, en Pologne, en Sicile et en Turquie; plus rare en Allemagne et en France; tout aussi rare en Angleterre.

Niche, dit-on, dans les forêts, sur les pins et les sapins, plutôt dans les jonchaies marécageuses, mais, d'une manière certaine, sur les falaises et dans les rochers; pond trois ou quatre œufs d'un blanc sale, plus petits que ceux de la Cigogne blanche, dont ils peuvent aussi être distingués par une très faible teinte verdâtre. Ils mesurent sept centimètres et demi sur cinq et demi.

4ᵉ FAMILLE

GRUINÉS ou GRUES. — Gruinæ (Ch. Bonap.).

Si peu nombreuses que soient les espèces de cette famille, nous séparons, d'une manière absolue, les Grues des Hérons et des Tantales, parce que, d'une part, comme les espèces de la tribu suivante, elles sont *autophages*, autrement dit elles se nourrissent et courent au sortir de l'œuf, si l'on en juge d'après ce qui se passe chez l'une d'elles, ce qu'on avait ignoré jusqu'en ces derniers temps, sans parler de leurs rapports avec les Pluviers par les éperons ou tubercules osseux, que plusieurs d'entre elles portent au poignet de l'aile, et avec les Poules d'eau dont elles ont, à peu de chose près, les caractères oologiques.

Les membres de cette famille sont de grands échassiers dont la taille varie de un mètre à un mètre et demi, et qui, de tous ceux de cet ordre, ont le port le plus noble et le plus gracieux, rehaussé qu'il est chez plusieurs par de longues plumes tombant des deux côtés de la tête, et par l'allongement empanaché de l'extrémité des rémiges secondaires. On en compte une quinzaine d'espèces, de toutes les parties du monde, dont la moitié connues de Buffon, de Linné et Gmelin, et entre lesquelles on a établi six groupes génériques, qui sont : les Grues proprement dites, les Laomédonties, les Tétraptéryxs, les Anthropoïdes et les Baléariques, dont deux seuls ont des représentants en Europe. De même que les Cigognes, dans certains moments de gaieté, elles exécutent entre elles des sortes de danses.

Leurs caractères généraux sont un bec aussi long ou plus long que la tête, fort, droit, comprimé, à pointe en cône allongé, à bout obtus, ou renflé en dessus et en dessous; la région des yeux et la base du bec souvent nues, ou couvertes de mamelons, parfois des caroncules pendantes; la tête ornée quelquefois de plumes allongées partant du derrière de l'œil, ou d'une huppe uniforme en garnissant le sommet; les ailes, chez quelques espèces, munies d'un tubercule corné; des trois doigts de devant, celui du milieu réuni seulement au doigt externe par un rudiment de membrane, l'autre restant libre; les pennes secondaires les plus proches du corps arquées, ou très allongées et retombant en panache des deux côtés du croupion, ou subulées.

La trachée-artère est d'une conformation fort remarquable, car, perçant le sternum, elle y entre profondément, et en ressort par la même ouverture pour aller aux poumons. Seulement, ces circonvolutions s'observent plus particulièrement chez le mâle, dans la plupart des espèces ; chez d'autres, on les constate chez les deux sexes.

Nichent à terre ou dans les roseaux,

GROUPE GÉNÉRIQUE UNIQUE

GRUE, *GRUS* (Pall.).

Bec plus long que la tête, droit, fort, uni, cylindrique, en cône allongé, aigu; arête arrondie, d'égale hauteur avec la tête, à bords mandibulaires tranchants et finement denticulés, la mandibule inférieure un peu relevée à la pointe; narines longitudinalement fendues dans la substance cornée, placées près de la base à l'arête supérieure; yeux entourés d'une peau nue qui ne communique pas avec le bec; souvent la face, le tour des yeux, le menton ou une partie du cou nus; ailes allongées, subobtuses, les deuxième et troisième rémiges, égales, les plus longues; queue médiocre, ample, arrondie; tarses du double de longueur du doigt médian, entièrement réticulés; doigts courts, réunis par une membrane jusqu'à la première articulation; le pouce court, articulé à l'intérieur du tarse et presque au niveau des autres doigts, et portant en partie sur le sol; ongles courts, celui du milieu entier et sans dentelure, larges, aplatis, et plutôt obtus que pointus.

Deux espèces appartiennent à la faune européenne.

PL. II. — GRUE CENDRÉE.

Grus cinerea (Bechst.). — *Ardea grus* (Linn.).

Mâle adulte : en général, d'un gris cendré; occiput, gorge et devant du cou d'un gris noirâtre très foncé; front et espace entre l'œil et le bec garnis d'un noir profond; bande blanche par derrière, des yeux à la nuque; sommet de la tête nu et rouge; quelques-unes des pennes secondaires arquées, longues et décomposées. Bec d'un noir verdâtre, rougeâtre à la base et couleur de corne à la pointe; pieds noirs. Taille : un mètre trente à quarante centimètres.

Habite l'Europe, l'Asie et l'Afrique; de passage annuel dans la Russie méridionale, en Sicile, en Italie, en Belgique, en Allemagne et en France.

Niche et se reproduit sous le pôle arctique, en Laponie, en Suède, en Finlande, mais ne paraît pas visiter la Norwège; en Podolie, en Volhynie, en Bessarabie; établit son nid à terre ou dans les roseaux; le compose d'herbes et de joncs, à quelques centimètres au-dessus de l'eau, et y dépose deux œufs d'un olivâtre plus ou moins nuancé de brunâtre, parsemés de taches plus ou moins nuageuses ou plus ou moins accusées de brun rouge, mesurant huit à dix centimètres sur six et demi.

Elle se nourrit de graines et d'herbes qui croissent dans les marais et dans les champs, de vers, de grenouilles et de coquillages.

PL. 12. — GRUE DE NUMIDIE.

Grus numidica (Briss.). — *Ardea virgo* (Linn.). — *Anthropoides virgo* (Vieill.).
Scops virgo (G. R. Gray.).

Mâle adulte : sous un moindre module, elle a toutes les proportions et la taille de la Grue cendrée : c'est son port, c'est aussi le même vêtement, la même disposition de couleurs sur le plumage; le gris est seulement plus pur et plus perlé; deux touffes blanches de plumes effilées et chevelues, tombant de chaque côté de la tête de l'oiseau, lui forment une sorte de coiffure; des plumes longues et soyeuses, du plus beau noir, sont couchées sur le sommet de la tête; de semblables plumes descendent sur le devant du cou, et pendent avec grâce au-dessous; entre les pennes noires des ailes percent des touffes flexibles, allongées et tombantes. C'est sans contredit, observe Montbelliard, la plus belle de toutes les Grues. Du reste, le bec est jaune d'ocre, avec la base noir verdâtre ; l'iris rouge, et les pieds sont d'un brun noirâtre. Sa taille est d'un mètre environ.

Habite l'Europe, l'Asie et l'Afrique ; commune dans la Russie méridionale, en Grèce, en Turquie ; visite accidentellement la Dalmatie et quelques autres parties de l'Europe.

Niche dans les endroits tranquilles des steppes, en Crimée, à terre sur quelques brins d'herbe sèche entremêlés avec quelques branches. Pond deux œufs, un peu plus petits que ceux de la Grue cendrée, d'un gris plus roussâtre, avec des taches plus nombreuses et plus accusées d'un brun rougeâtre ; ils mesurent huit centimètres sur six et demi.

Cet oiseau doit son nom de *demoiselle*, que lui ont donné les auteurs, à son élégance, à sa parure, à la manière de s'incliner par plusieurs révérences, à sa marche réfléchie, à la gaîté qu'il manifeste par ses sauts et par des bonds, comme s'il voulait danser, ce qui lui a valu chez les Anciens les noms de *Bateleur, Danseur, Bouffon, Parasite, Baladin, Anthropomime* et *Comédien,* à cause de ses attitudes singulières et pour ainsi dire affectées.

5ᵉ FAMILLE

TANTALINÉS ou TANTALES. — Tantalinæ.

De toute la tribu des Tantalidés, la famille seule qui porte leur nom, et dont on a l'habitude de faire des Ibinés, ou Ibis, n'a qu'un unique représentant qui, sous ce nom que nous lui retirons, partage, dans une bien faible mesure, la célébrité attachée à son type prétendu, l'Ibis sacré des anciens Égyptiens.

Les Tantalidés, donc, se distinguent principalement des familles précédentes par un bec presque en forme de faux ou de pioche, parfaitement organisé pour sa besogne de fouilleur. Mais ils ont exactement le même port que les Hérons et les Cigognes, les mêmes mœurs de sociabilité entre eux, et presque les mêmes

habitudes de nicher sur les arbres ou sur les buissons élevés, et
le plus souvent dans les marécages.

Divisés en une quinzaine de groupes génériques, répandus
dans toutes les parties du monde, un seul figure dans la France
européenne.

GROUPE GÉNÉRIQUE UNIQUE
TANTALE FALCINELLE, *TANTALUS FALCINELLUS*
(Linn.).

Bec courbé dès la base, presque carré, arrondi ou cylindrique dans le reste, jusqu'à l'extrémité qui est mousse et obtuse, à bords lisses; tour des yeux nus; ailes aiguës, les deux premières rémiges les plus longues, atteignant le haut de la queue, qui est courte et égale; jambes dénudées dans leur première moitié; tarses un peu plus longs que le doigt médian, qui n'est uni à l'externe que par une étroite membrane, et recouvert de squamelles en devant; ongles faibles et courts, celui du milieu imperceptiblement pectiné.

PL. 13. — IBIS FALCINELLE ou FALCINELLE ÉCLATANT.

Falcinellus igneus (Gray, *ex* Gmel. et Linn.). — *Tantalus falcinellus* (Linn.).

Mâle. adulte : tête marron noirâtre; cou, poitrine, haut du dos, poignet de l'aile et toutes les parties inférieures d'un rouge marron vif; dos, croupion, couvertures des ailes, rémiges et rectrices d'un vert noirâtre à reflets bronzés et pourprés ; bec d'un noir verdâtre, brun à la pointe; peau nue des yeux verte et encadrée par une bande grisâtre; iris brun; pieds d'un brun verdâtre. Taille de soixante à soixante-deux centimètres.

C'est le type du groupe générique *Falcinellus* de Bechstein.

Habite l'Europe, l'Asie et l'Afrique; très répandu sur les bords de la mer Noire, en Hongrie, en Pologne et en Turquie; de passage régulier en Sicile, à Malte, et dans le midi de la France.

Niche dans les joncs et les roseaux : pond de trois à quatre œufs d'un vert bleuâtre uniforme et sans taches, mesurant un peu plus de quatre centimètres et demi sur trois et demi.

Se nourrit de mollusques, de coquillages fluviatiles, de vers et d'insectes aquatiques, auxquels il ajoute quelques végétaux.

2ᵉ TRIBU

SCOLOPACIDÉS ou BÉCASSES

SCOLOPACIDÆ

Cette tribu peut bien être appelée le grand réceptacle de
tous les oiseaux de rivages ou de marais, indisciplinables en quelque sorte et rebelles à toute méthode véritablement rationnelle.

Tous habitent ou recherchent les terrains humides ; de leurs
becs grêles, plus ou moins cylindriques, plus ou moins droits ou
arqués, plus ou moins longs, mais généralement plus que la tête,
plus ou moins mous et membraneux, où la narine trace un sillon
qui s'avance plus ou moins près du bout, tous fouillent la vase
pour en retirer leur nourriture animalisée ; tous promènent sur
les marais, en suivant le cours des rivières, les bords des lacs,
ceux de la mer, leurs longues jambes plus ou moins dénuées de
plumes, scutellées ou réticulées en avant et en arrière, ou scutellées seulement en avant, avec des doigts, sauf de rares exceptions, au nombre de quatre, dont le pouce plus ou moins allongé,
mais toujours grêle, est surmonté et pourvu d'un ongle très petit.
Ces légères différences séparent non seulement des espèces, mais
des groupes et des familles, où s'égarent les plus savants nomen-
clateurs.

Le bec de ces oiseaux, surtout celui des Courlis, dont nous
parlerons plus en détail, et celui des Bécasses proprement dites,
offrent des particularités intéressantes : les deux branches qui
composent la mandibule supérieure jouissent d'une mobilité très
sensible qui permet à la pointe du bec, une fois enfoncée dans la
terre ou la vase, de faire l'office de pince sur la mandibule inférieure, pour faciliter la capture des vers dont ils se nourrissent.

Cette tribu renferme les huit familles suivantes :

Les COURLIS ;

Les AVOCETTES ;

Les PHALAROPES ;

Les CHEVALIERS ;

Les BÉCASSEAUX ;

Les BÉCASSES proprement dites et les BÉCASSINES ;

Les BARGES,

Et les ÉCHASSES.

1ʳᵉ FAMILLE

COURLIS. — Numeniinæ (Ch. Bonap.).

Les oiseaux de cette famille doivent leur nom latin de *Numenius*, dont l'origine est dans le mot *Néoménie*, temps du croissant de la lune, à la courbure de leur bec à peu près en forme de croissant.

Ils ont un vol rapide ; leur marche est précipitée, souvent même ils courent ; ils émigrent par grandes bandes souvent considérables, et les troupes voyageuses n'adoptent aucun ordre pour leur vol. Ils fréquentent les bords des eaux douces et salées ; se nourrissent de vers, d'insectes aquatiques, de mollusques qu'ils cherchent sur les plages vaseuses, et nichent à terre. Leurs œufs, enfin, de forme ovoïconique allongée, ont des couleurs foncées et sont toujours parsemés de grandes et nombreuses taches, alors que celui de l'Ibis Falcinelle est un véritable œuf de Héron.

Les Courlis, au nombre de seize espèces de toutes les parties du monde, dont trois seules connues de Buffon et de Linné, ne forment qu'un seul groupe.

GROUPE GÉNÉRIQUE UNIQUE

COURLIS, *NUMENIUS* (Mœring).

Bec presque trois fois plus long que la tête, bien moins arqué que celui du Falcinelle, sa courbure ne commençant qu'à la moitié de sa longueur, comprimé, à pointe dure et faiblement obtuse; narines basales, linéaires, leur sillon se continuant presque jusqu'à l'extrémité de la mandibule supérieure; ailes longues, suraiguës, la première rémige dépassant toutes les autres; queue courte, égale ou médiocrement arrondie; tarses un peu plus longs que le doigt médian, scutellés en devant dans leurs deux derniers tiers, ainsi que le dessus des doigts, et réticulés dans le reste; les doigts antérieurs réunis par une membrane jusqu'à leur première articulation; le pouce touchant à terre.

Trois espèces appartiennent à l'Europe.

PL. 14. — COURLIS CENDRÉ.

Numenius arquatus (Latham). — *Scolopax arquata* (Linn.).

Mâle adulte : tout le plumage d'un cendré clair; taches brunes longitudinales sur la tête et sur la poitrine, avec quelques nuances rousses; ventre blanc rayé de brun; plumes du dos et des scapulaires noires dans le milieu et bordées de roux ; couvertures supérieures des ailes dentelées de brun ; grandes rémiges brun noirâtre; queue d'un cendré blanchâtre, excepté les rectrices médianes roussâtres, rayées transversalement de bandes brunes. Bec brun noirâtre en dessus, couleur de chair en dessous ; iris noisette ; pieds d'un cendré foncé. Taille : soixante à soixante-six centimètres.

Habite l'Europe et l'Asie ; de passage régulier sur les côtes de Hollande et de France ; abondant dans plusieurs contrées de l'Europe ; pousse ses migrations en hiver jusqu'en Sicile et en Afrique.

Niche dans les lieux secs, le plus souvent dans les herbes qui croissent au milieu des bruyères et dans les sables, souvent aussi dans les dunes qui bordent la mer ; pond quatre ou cinq œufs, dont la forme ovoïconique, quoique parfois un peu ventrue, à part la différence de coloration, ne permet pas de confondre les Courlis avec les Ibis : ils sont, en effet, d'un beau vert olive plus ou moins clair ou d'un brun verdâtre, avec des mouchetures brunes, parfois d'un brun rougeâtre, et mesurent six centimètres sur quatre et demi.

Un consciencieux observateur dont les notes manuscrites nous ont été communiquées par J. Verreaux, et auxquelles nous aurons souvent recours, M. Miannée de Saint-Firmin, a tué, au mois de février 1865, un grand Courlis dont l'estomac ne renfermait que le tibia, le fémur et quelques parcelles d'os d'un petit oiseau, et de plus un perce-oreilles. C'est la première observation de ce genre venue à notre connaissance, et qui est toute une révélation pour les mœurs des Courlis.

Le Courlis, qui est parfois aussi un gibier de vol, de pure curiosité il est vrai, ne manque ni de courage ni d'intelligence pour se soustraire à la poursuite du Faucon. M. le baron Crouzat de Salvière a donné de cette chasse des détails intéressants.

PL. 15. — COURLIS CORLIEU.

[*Numenius phæopus* (Lath.). — *Scolopax phæopus* (Linn.).

Mâle adulte : tout le plumage d'un cendré clair ; cou et poitrine rayés de taches longitudinales brunes ; sur le milieu de la tête, bande longitudinale d'un blanc jaunâtre que font ressortir, de chaque côté, deux autres bandes brunes beaucoup plus larges ; ventre et abdomen blancs ; plumes du dos et scapulaires d'un brun très foncé au milieu, et bordées d'un brun plus clair ; rémiges noirâtres, avec la baguette des deux premières blanche ; queue d'un brun cendré, rayée de bandes brunes obliques. Bec noirâtre, rougeâtre à sa base ; iris brun ; pieds couleur de plomb. Taille d'à peu près quarante-trois centimètres.

C'est le type du *Phæopus vulgaris* de G. Cuvier.

Habite les régions du cercle arctique de l'ancien monde où il se reproduit ; se trouve en Europe, en Asie, dans la Chine, au Japon et en Afrique ; de passage régulier dans plusieurs pays tempérés et méridionaux de l'Europe ; peu abondant en France et en Allemagne ; plus commun à son passage en Hollande, où il séjourne l'été, sans s'y reproduire.

Niche comme le grand Courlis cendré et pond des œufs semblables, mesurant près de six centimètres sur quatre et demi.

Les mœurs sont exactement les mêmes que celles de l'espèce précédente.

PL. 16. — COURLIS A BEC GRÊLE.

Numenius tenuirostris (Vieillot).

Mâle adulte : brun en dessus, chaque plume bordée de roussâtre et de grisâtre ; blanc en dessous, pur à la gorge et au ventre, maculé de brun noirâtre au cou et à la poitrine ; lancéolé de même couleur sur l'abdomen et les flancs ; rémiges brunes ; queue blanche avec bandes brunes en zigzag. Bec brun en dessus, couleur de chair en dessous à la base ; iris brun ; pieds couleur de plomb bleuâtre. Taille du Corlieu.

Habite l'Europe et l'Afrique ; commun en Sicile où il se reproduit, ainsi que dans la Russie orientale, près de l'Oural.

Niche dans les plaines avoisinant les marécages, au milieu des herbes, en compagnie des Chevaliers et des Bécassines ; pond de trois à cinq œufs semblables aux précédents, souvent d'un olive ou d'un brun plus clair, mesurant cinq centimètres et demi sur trois et demi.

Mêmes habitudes maritimes que les deux espèces ci-dessus.

2ᵉ FAMILLE

AVOCETTINÉS ou AVOCETTES. — Avocettinæ.

De même que le Flamant, par un de ces contrastes si fréquents de la nature, se présente comme l'Échassier des Nageurs, de même, mais en sens contraire, l'Avocette se présente comme le Nageur des Échassiers. Les oiseaux à pieds palmés ont presque tous les jambes courtes : l'Avocette, dont les trois antérieurs sont réunis jusqu'à la seconde articulation par une membrane découpée, et dont le doigt postérieur, presque nul, s'articule très haut sur le tarse, les a longues ; et cette disproportion, qui suffirait presque seule pour distinguer cet oiseau des autres palmipèdes, est accompagné d'un caractère encore plus frappant par sa singularité : c'est le renversement du bec, et sa courbure tournée en haut. Cet organe est d'une substance tendre et presque membraneuse à sa pointe, comme celui de la plupart des oiseaux de la tribu ; il est mince, faible, grêle, comprimé horizontalement, incapable d'aucune défense et d'aucun effort.

Cette famille ne se compose que d'un seul groupe.

GROUPE GÉNÉRIQUE UNIQUE

RECURVIROSTRE ou AVOCETTE, *RECURVIROSTRA* (Linn.).

Bec deux fois aussi long que la tête, flexible comme de
la baleine, sillonné jusque vers le milieu, déprimé dans la
moitié antérieure, où il est presque aussi haut que large,
qui est médiocrement retroussé, et se rétrécissant insensiblement de la base à la pointe, qui est excessivement mince
et tend à s'infléchir; narines basales, latérales, linéaires,
percées dans le sillon; ailes assez longues, suraiguës, les
deux premières rectrices égales, les plus longues dépassant l'extrémité de la queue, qui est courte et presque
carrée; jambes nues sur les deux tiers de leur étendue,
squammulées dans le surplus, ainsi que les tarses qui sont
minces et deux fois plus longs que le doigt médian; les
trois doigts antérieurs réunis par une membrane échancrée
jusqu'à la dernière phalange et se prolongeant jusqu'à leur
extrémité; pouce fort court, très surmonté et ne touchant
pas le sol; ongles très petits.

On distingue quatre espèces d'Avocettes, dont deux propres à
l'ancien continent, qui ont été connues de Buffon, de Linné et
de Gmelin, une à l'Amérique, et l'autre à la Nouvelle-Hollande;
l'une des deux premières est propre à l'Europe : c'est le type du
groupe.

PL. 16. — AVOCETTE A NUQUE NOIRE.

Recurvirostra avocetta (Linn.).

Mâle adulte : tout le plumage d'un blanc pur, excepté le haut
de la tête, le derrière du cou, les petites et les grandes scapu-

laires; les couvertures claires et les rémiges d'un noir profond. Bec noir; iris brun rougeâtre; pieds d'un cendré bleuâtre. Taille : quarante-sept centimètres.

Habite l'Europe, l'Asie et l'Afrique; fréquente sur plusieurs points de l'Allemagne, en Angleterre et en Belgique; très abondante dans la Nord-Hollande; très commune sur les bords de la mer Noire

Niche partout où elle habite; en France, dans la Picardie, aux environs d'Abbeville, et dans les vastes étangs du Languedoc et du Roussillon, où, d'après Crespon, elle dépose, en compagnie de plusieurs autres, ses œufs sur le sable. Ou bien, toujours par petites colonies, établit son nid qui n'est pas élevé de terre comme celui du Flamant, mais caché au milieu des plus hautes herbes et composé exactement des mêmes matériaux; d'herbes desséchées de l'année précédente, et parmi lesquelles on ne remarque ni tiges ni brindilles vertes d'aucune sorte, excepté sur le bord qui est d'herbe fine des prés, différente de celle des îlots d'alentour; ce nid pouvant avoir de vingt à vingt-cinq centimètres de diamètre; l'oiseau pond deux ou trois œufs oblongs, d'un fond brunâtre ou olivâtre, tacheté irrégulièrement de brun plus ou moins noir, mesurant de quatre à cinq centimètres sur trois ou trois et demi.

3ᵉ FAMILLE

PHALAROPODINÉS ou PHALAROPES.— Phalaropodinæ.

Après la famille des Échassiers demi-palmés et demi-nageurs, vient la petite famille des Phalaropodinés, mieux appropriés à la fréquentation des eaux. C'est encore une de ces exceptions que la nature se plaît à reproduire comme une ironie, et comme pour démontrer l'inanité des classifications prétendues méthodiques.

Les Phalaropes, en effet, apparaissent, parmi les Échassiers, avec la même dentelure membraneuse aux pattes que les Grêbes parmi les vrais Nageurs, et le contraste en est plus frappant, puisqu'on ne saurait confondre l'un de ces ordres avec l'autre. Mais la forme de leur bec, de même que le caractère morphologique de leur œuf, ne permettent pas de s'y méprendre : c'est le bec, c'est l'œuf d'un véritable Échassier. Ce sont, en un mot, des Scolopacidés.

Ils ont de particulier que leur corps est, comme chez les oiseaux nageurs, revêtu de plumes serrées et lustrées, qui sont elles-mêmes entourées à leur base d'un épais duvet très propre aussi à les garantir du froid et de l'eau.

GROUPE GÉNÉRIQUE UNIQUE

PHALAROPE, *PHALAROPUS* (Brisson)..

Bec, ou de la longueur de la tête, ou plus long, droit, plus ou moins déprimé à partir de la base; narines basales, latérales; ailes plus ou moins allongées, suraiguës, les deux premières rémiges égales les plus longues; queue courte ou arrondie, avec les deux rectrices médianes dépassant à peine les autres, ou presque carrée; pieds grêles; tarses de la longueur du doigt médian, comprimés, terminés par trois doigts devant et un derrière; les doigts antérieurs réunis jusqu'à la première articulation par une membrane entourant les doigts en forme de festons plus ou moins prononcés, et parfois pectinés sur les bords; pouce articulé, ou au bas du talon, ou un peu plus haut.

.· Renferme deux espèces propres à l'Europe.

PL. 17. — PHALAROPE FULICAIRE ou DENTELÉ.

Phalaropus fulicarius (Bonap., *ex* Linn.).

Mâle adulte, en été : tête, gorge et dessus du corps noirs, chaque plume de celui-ci bordée de roux doré; cou, poitrine rouge brique; abdomen et croupion blancs; sourcils et bande suboculaire d'un blanc roussâtre; couvertures supérieures des ailes noires, terminées de blanc; rémiges noires, à baguettes blanches; rectrices brun cendré bordées de roux, les deux médianes noires.· Bec noir, à base jaunâtre; iris brun clair; pieds vert noirâtre. Taille : vingt-deux centimètres environ.

Habite les régions arctiques de l'Europe et de l'Amérique; abondant en Sibérie et au Groënland, sur les bords des grands lacs et des rivières; de passage irrégulier en Allemagne, en France, en Suisse et en Savoie; se reproduit en Écosse.

Niche au milieu des herbes et des roseaux sur le bord des lacs; pond trois ou quatre œufs de forme ovoïconique, le gros bout ventru, le petit en pointe, d'un brun olivâtre foncé, parsemé de points et de quelques larges taches d'un brun noir pourprés; ils mesurent près de trois centimètres sur deux.

Le Phalarope dentelé se reproduit en Écosse, d'où l'on peut conjecturer qu'il se comporte de même dans bien d'autres contrées de l'Europe.

PL. 17. — PHALAROPE HYPERBORÉ.

Phalaropus hyperboreus (Lath., *ex* Linn.).

Mâle adulte, au printemps : sommet de la tête, nuque, côtés de la poitrine, lorums et un petit trait derrière les yeux, d'un cendré foncé; côtés et devant du cou roux vif; tout le dessous du corps, à partir de la gorge, d'un blanc pur; flancs tachetés de cendré; dessus du corps d'un cendré argenté, avec les plumes du dos largement bordées de blanc; couvertures des ailes liserées de blanc, celles-ci portant un miroir de même couleur; rectrices bordées de blanc, les deux médianes noires comme le dos. Bec noir; iris brun; pieds d'un cendré verdâtre. Taille : dix-huit centimètres.

C'est le type du groupe *Lobipes*, appliqué par G. Cuvier aux deux espèces de Phalaropes.

Au contraire de l'espèce précédente, celle-ci préfère le voisinage de la mer.

Habite le cercle arctique des deux mondes; très abondant au nord de l'Écosse, dans les Orcades et les Hébrydes; commun en Laponie; de passage sur les côtes de la Baltique; accidentellement en Allemagne, en Hollande et en France.

Niche sur les bords des lacs et des marais salins, parmi les herbes, comme le Phalarope dentelé, et pond de trois à quatre œufs en tout semblables aux siens, sauf qu'ils sont un peu plus petits, ne mesurant pas tout à fait trois centimètres sur deux.

Les individus de cette espèce fréquentent les lacs voisins des mers du pôle ; on en trouve en pleine mer le printemps et l'automne ; ils disparaissent au mois de septembre et ne reviennent qu'en avril. Ils se nourrissent de vers marins et d'insectes aquatiques. Leur cri ressemble un peu à celui de l'hirondelle de mer. On dit qu'ils nagent assez lentement et qu'ils ne plongent jamais. Les habitants du Groënland sont assez friands de la chair de cet oiseau.

4ᵉ FAMILLE

TOTANINÉS ou CHEVALIERS. — Totaninæ (G.-R. Gray).

Des Phalaropes aux Chevaliers, la transition est toute naturelle, puisqu'ils ne sont, nous l'avons fait voir, que des Chevaliers aux pieds lobés, mais nus.

« Les Français, dit Belon, voyant un oysillon haut encruché » sur ses jambes quasi comme estant à cheval, l'ont nommé *Chevalier.* » Il serait difficile, ajoute Buffon en citant ces lignes, de trouver à ce nom une autre étymologie ; les Chevaliers sont en effet très haut montés.

Ces oiseaux, qui voyagent en petites troupes, nichent en petites colonies, et vivent indistinctement sur les bords des lacs et des rivières, de même que dans les prairies voisines des eaux douces. C'est à tort que l'on a cru qu'ils n'ont point aussi l'habitude de fréquenter les bords de la mer, ni les rives limoneuses et vaseuses des fleuves, car plusieurs, même en Europe, préfèrent les vases salées aux vases d'eaux douces, et ils abondent dans les lagunes de l'Inde et de l'Amérique. De même que tous les petits Échassiers, ils entrent dans l'eau jusqu'au genou ; et peut-être sont-ils meilleurs nageurs qu'on ne le croit communément, puisque plusieurs espèces traversent des étendues d'eau à la nage.

Ils saisissent leur nourriture, qui se compose d'insectes, de vers et de coquillages ainsi que de menus poissons au moyen de la pointe dure et cornée de leur bec généralement mince et allongé.

Ce qu'ils offrent de plus remarquable, c'est que, tout en établissant généralement leurs nids dans les herbes et les joncs des marécages, plusieurs d'entre eux, notamment deux, ont la fréquente habitude de pondre sur les arbres, à une hauteur variant de deux à huit mètres, dans les nids abandonnés d'autres oiseaux.

On en compte trente-cinq à trente-six espèces répandues dans les diverses parties du monde, sur lesquelles Buffon, Linné et Gmelin n'en ont connu que le tiers, dont une douzaine particulières à l'Europe.

On a divisé ces espèces en quatorze groupes : Catoptrophores; Glottis-Totanes pour les Chevaliers proprement dits; Bartramies; Symphémies; Erythroscèles; Gambettes; Holodrômes; Rhynchopiles; Actitis ou Guignettes; Actitures; Oréophiles et Phégornis; dont deux seules ont des représentants en Europe, et que nous réunissons sous la même appellation générique de Chevaliers.

GROUPE GÉNÉRIQUE UNIQUE
CHEVALIER, *TOTANUS*. (Bechst.).

Bec, ou une fois et demie, à peu près, plus long que la tête, ou la dépassant médiocrement en longueur, droit ou un peu retroussé, grêle, à mandibule supérieure comprimée, à la pointe fléchie sur l'inférieure qui est un peu plus courte; narines basales, latérales, linéaires; ailes allongées, suraiguës, la première rémige toujours seule, la plus longue atteignant ou dépassant l'extrémité de la queue, qui est courte, égale ou légèrement arrondie; jambes nues, ou au moins sur la moitié de leur longueur; tarses longs, minces, de la longueur du doigt médian; celui-ci réuni à l'interne jusqu'à la première articulation; pouce petit, ou ne portant à terre que par son extrémité, ou articulé presque au talon.

On en compte sept espèces pour l'Europe.

PL. 18. — CHEVALIER GRIS ou ABOYEUR.

Totanus glottis (Bechst.). — *Limosa grisea* (Briss.). — *Glottis nutans* (Koch).

Mâle, en été : en dessus, noir, finement rayé de noir sur la tête et le cou, et les plumes du dos bordées de blanc et de brun rougeâtre; en dessous, blanc pur; rémiges brun noir; queue blanche, les deux rectrices médianes zébrées de cendré brunâtre. Bec noirâtre; iris noir; pieds brun verdâtre. Taille d'environ trente-quatre centimètres.

Type du groupe *Glottis* de Koch.

Habite l'Europe septentrionale, l'Asie et l'Afrique ; de passage régulier en France, dans le Gard et en Savoie ; assez commun en Nord-Hollande ; rare en Angleterre, en petit nombre en Allemagne et en Suisse.

Niche très souvent dans le Nord, en Suède, en Norwège, dans les marécages ; pond de trois à cinq œufs d'un brun jaune, plus ou moins foncé ou verdâtre, tachetés de roux et de brun, qui mesurent cinq centimètres et demi sur trois.

C'est le plus grand des Chevaliers d'Europe ; aussi Gessner l'avait-il nommé *Major*.

Il fréquente les bords graveleux des fleuves, très rarement ceux de la mer, mais par-dessus tout les bords des lacs et des terrains inondés, et presque toujours dans les lieux découverts. C'est par petites troupes de six à douze individus qu'il voyage : son vol est rapide et assez direct, tantôt élevé, tantôt à fleur d'eau. C'est aussi par petites troupes et en se tenant serrés les uns contre les autres qu'il cherche sa nourriture, qui consiste en vers, mollusques, frai et en petits poissons. A cet effet non seulement il s'enfonce à mi-corps dans l'eau, mais sait très bien, s'il le faut, se mettre à la nage à la poursuite de ces derniers, de même que pour fuir à l'apparence d'un danger.

PL. 18.—CHEVALIER BRUN ou ARLEQUIN.

Totanus fuscus (Bechst., *ex* Linn.). — *Scolopax fusca* (Linn.).

Mâle adulte en plumage de noces : en dessus, d'un brun noirâtre pourpré, marqué de petites taches blanches sur le dos et les couvertures, et d'une autre plus grande formant miroir sur les scapulaires ; en dessous, d'un noirâtre uniforme sur le cou, écaillé de blanc sur la poitrine ; ventre, abdomen et couvertures sous-caudales blancs ; rémiges d'un blanc grisâtre, ainsi que les rectrices qui sont rayées de blanc sur les barbes extérieures. Bec noir, rouge à la base de la mandibule inférieure ; iris brun noir ; pieds brun rougeâtre. Taille : trente et un à trente-deux centimètres.

C'est le type du groupe *Erythroscelus* de Kaup.

Habite le nord de l'Europe et de l'Amérique ; de passage en France, en Belgique, en Hollande où il ne séjourne pas longtemps, en Savoie, en Italie et dans la Russie méridionale, où il niche. Propagation inconnue.

Sa nourriture consiste en insectes, en limaçons, en petits coquillages fluviatiles et en vers.

PL. 19. — CHEVALIER GAMBETTE ou A PIEDS ROUGES.

Totanus calidris (Bechst., *ex* Linn.). — *Scolopax calidris* (Linn.). — *Tringa Gambetta* (Gmel.).

Mâle adulte, en été : en dessus, brun cendré à reflet olivâtre, rayé de noir au centre de chaque plume, zébré de même sur les scapulaires et les grandes. couvertures ; sourcils blancs ; en dessous, blanc pur, chaque plume finement rayée de noir au centre ; rémiges primaires noires, secondaires dans leur première moitié seulement ; blanches dans le surplus ; rectrices blanches, à l'exception des quatre médianes barrées de noir. Bec rouge à partir de la base, brun noir à la pointe ; iris brun ; pieds d'un beau rouge vermillon. Taille : vingt-neuf centimètres.

C'est le type du groupe *Gambetta* de Kaup.

Habite l'Europe, l'Asie et l'Afrique ; commun partout, se reproduit en France, où il est sédentaire, en Angleterre, et en Hollande, où il est plus abondant que partout ailleurs.

Niche en petites colonies, de préférence. dans les hautes herbes ; pond de quatre à cinq œufs d'un roux clair ou jaunâtre, brillamment maculé de larges taches d'un brun rouge entremêlées de petits points de même couleur, et d'autres violacés. Ils mesurent de quatre à quatre et demi centimètres sur trois.

Le nom de *Gambette*, qui lui a été donné dans le Bolonais, est dérivé de la hauteur de ses jambes.

PL. 19. — CHEVALIER STAGNATILE ou AUX PIEDS VERTS.

Totanus stagnatilis (Bechst.). — *Scolopax totanus* (Linn.).

Mâle adulte, en été : sommet de la tête et nuque d'un blanc cendré rayé de noir ; lorums blancs ; dos, scapulaires et grandes

couvertures cendré roussâtre barré de noir ; rémiges noirâtres ;
rectrices blanches avec bandes brunes. les deux médianes plus
foncées ; tout le dessous du corps, à partir de la gorge, blanc pur.
Bec noir, verdâtre au-dessous ; iris brun ; pieds vert olive clair
ou jaunâtre. Taille : seize à dix-sept centimètres.

Habite l'Europe, l'Asie et l'Afrique, de passage irrégulier
dans le nord et le midi de la France ; très rare en Savoie ; se produit en Allemagne, en Hongrie et en Crimée, et probablement
dans les parages de la mer Noire, où il est très commun.

Niche dans les marais ; pond trois ou quatre œufs d'un jaune
verdâtre ou teinté de roussâtre, marqués de taches irrégulières et
de points brun foncé tournant parfois au noir ; ils mesurent quatre
centimètres sur trois.

On trouve souvent, dans l'estomac de cette espèce, de très
petits crabes, des araignées, et des nymphes de libellules. Lorsque ce Chevalier est surpris sur son nid, son vol est élevé et dé-
crit des cercles rapides.

PL. 20. — CHEVALIER CUL-BLANC.

Totanus ochropus (Temm., *ex* Linn.). — *Tringa ochropus* (Linn.).

Mâle adulte, en été : en dessus, brun légèrement nuancé d'olivâtre à reflets verdâtres ; plumes du dos, des scapulaires et les
couvertures supérieures des ailes avec de très petits points blancs
en occupant les bords ; lorum rayé d'un trait blanc et d'un brun ;
en dessous, croupion d'un blanc pur ; rémiges noirâtres ; rectrices blanches, les deux médianes barrées de brun. Bec noir
verdâtre ; iris brun foncé ; pieds cendré verdâtre. Taille : vingt
et un à vingt-deux centimètres.

Habite l'Europe, l'Asie et l'Afrique, où il est répandu partout.

C'est le type du groupe *Holodromus* de Kaup.

Niche le plus généralement à terre, tantôt au plus fourré des
herbes, tantôt sous un épais buisson au bord de l'eau, ou parmi
les pierres, sur le sable des rivages les plus fréquentés ; niche

aussi, ce qui est plus extraordinaire, sur les arbres, dans des nids d'autres oiseaux. Pond quatre œufs d'un gris roussâtre ou verdâtre, avec de petits points bruns ou noirs et de larges taches d'un brun plus foncé ou noirâtre, souvent réunies au gros bout; ils mesurent trois centimètres et demi sur deux et demi.

Quant aux habitudes de nidification excentrique de ce Chevalier, leur découverte ne date guère que d'une vingtaine d'années, et est due au pasteur Théobald, de Copenhague.

Tous ces nids, hauts et bas, étaient près de l'eau : deux sur le bord d'un ruisseau, les autres dans des marécages humides, et à deux mètres au plus de l'eau ; ce qui est conforme à la manière de vivre de cette espèce, comme des autres ; puisque M. Miannée de Saint-Firmin a toujours trouvé dans son estomac de petits vers et des débris de coléoptères et d'hydrophiles.

PL. 21. — CHEVALIER GUIGNETTE.

Totanus hypoleucos (Temm., ex Linn.). — *Actitis hypoleucos* (Boïé).

Mâle adulte, en été : en dessus, d'un brun olivâtre à reflets ; raie noirâtre le long des baguettes ; toutes les plumes des ailes et du dos barrées de fines bandes en zigzags d'un brun noirâtre ; sourcils et tout le dessous du corps d'un blanc pur ; queue très étagée ; les deux rectrices médianes de la couleur du dos, rayées de noir, les autres blanches et brunes et terminées de blanc. Bec cendré ; iris brun ; pieds d'un cendré verdâtre. Taille : dix-huit à dix-neuf centimètres.

C'est le type du groupe *Actitis* de Boïé.

Habite l'Europe, où il est répandu presque partout; de passage régulier en France et en Savoie.

Niche à terre, dans un petit creux sur le sable, sous un arbrisseau, ou au milieu d'un amas de petits cailloux, d'une touffe d'herbes ou de joncs, et toujours auprès de l'eau. Pond quatre ou cinq œufs d'un jaune sale ou olivâtre, avec des mouchetures d'un brun rougeâtre ou noirâtre et des taches d'un cendré lilas. Ils mesurent trois centimètres sur deux.

Tout en ayant les mêmes habitudes que l'espèce précédente, le Chevalier Guignette nous en fait connaître de nouvelles, que nous n'avions pas encore rencontrées, et qui enrichissent, si elles ne la complètent, l'histoire de la famille.

Ainsi, on sait par Hardy, de Dieppe, que quand ces Chevaliers sont démontés, ils se jettent à l'eau, et y plongent aussi longtemps que nous l'avons vu faire aux Mouettes, en pareille circonstance, pour se soustraire au chien du chasseur.

On sait de plus qu'ils se perchent quelquefois soit sur les buissons, soit sur les arbres.

PL. 21. — CHEVALIER SYLVAIN.

Totanus glareola (Temm., *ex* Linn.). — *Tringa glareola* (Linn.). — *Rhyncophilus glareola* (Kaup).

Mâle adulte, en été : en dessus, noir rayé de cendré et de roussâtre à la tête et au cou, marqué de taches angulaires semblables sur le dos, et de raies diagonales au bas des scapulaires et des grandes couvertures des ailes ; en dessous d'un blanc pur, tacheté de brun sur les paupières, les joues et les côtés du cou, lancéolé de même sur les flancs; rémiges noirâtres; rectrices blanches, barrées de brun, avec les deux médianes de cette dernière couleur. Bec noir, verdâtre à la base; iris noir; pieds verdâtres. Taille : seize à dix-sept centimètres.

Habite l'Europe, l'Asie et l'Afrique; de passage annuel en Allemagne, en Hollande, en France et en Savoie, où il paraît se reproduire.

Niche principalement dans l'hémisphère boréal; au milieu des marécages, quelquefois dans les bruyères; et même, dit-on aussi, dans des nids abandonnés d'autres oiseaux. Pond quatre œufs d'un roux ocracé ou verdâtre, ponctués de brun plus ou moins noirâtre, avec d'autres taches violacées; ils mesurent trois centimètres et demi sur deux.

Mêmes habitudes et même régime en tout que les espèces précédentes.

5e FAMILLE

TRINGINÉS ou BÉCASSEAUX. — Tringinæ (G.-R. Gray).

Les Tringinés, ou Bécasseaux, constituent une petite famille des plus homogènes quant aux formes et aux habitudes générales, mais des plus disparates pour les caractères du bec et des pieds.

Ils diffèrent des Bécasses par un bec moins élargi et sans sillon dilaté à l'extrémité ; par des ailes plus étroites et plus étagées ; enfin, dans la plupart des espèces, et à quelque exception près, leurs doigts antérieurs sont intérieurement divisés, une étroite membrane bordant seulement l'externe et le médian à la base ; ce qui, d'un autre côté, les distingue des Chevaliers. Ajoutons que, chez presque tous, les deux rectrices médianes se terminent en pointe, et dépassent notablement les latérales.

Ils se composent de vingt-cinq à vingt-sept espèces de toutes les parties du monde, dont cinq seulement connues, soit de Buffon, soit de Linné ou Gmelin ; et que des différences de forme du bec, presque seules, ont fait diviser en une douzaine de groupes : Machètes ou Combattants ; Éreunètes ; Hémipalames ; Calidris ou Sanderlings ; Eurynorhynques ; Limicoles ; Leimonites ; Tringinés ou Bécasseaux proprement dits ; Canuts et Arquatelles ou Maubèches ; Ancylocheiles ; Pélidnes et Actodrômes, que nous réunissons sous l'unique appellation de Bécasseaux.

GROUPE GÉNÉRIQUE UNIQUE

BÉCASSEAU, *TRINGA*

Ce groupe, qui ne renferme que neuf espèces propres à l'Europe, résume en lui les principaux caractères de la famille, en ce qui a trait à ces espèces.

Bec un peu plus long que la tête, ou droit, ou légèrement infléchi, et plus ou moins déprimé; ailes suraiguës, la première rémige la plus longue; queue courte et arrondie: tarses de la longueur du doigt médian; trois doigts antérieurs, ou libres, ou simplement bordées, ou réunis entre eux par une membrane; pouce très court, et ne touchant à terre que par l'extrémité de l'ongle.

Comme l'observe Temminck, le Combattant, placé sur la limite du groupe des Chevaliers à celui des Bécasseaux, forme le passage naturel des uns aux autres; c'est le plus grand de ces derniers ; c'est aussi lui qui ouvre la marche.

PL. 22. — BÉCASSEAU COMBATTANT.

Tringa pugnax (Linn.). — *Machetes pugnax* (G. Cuv.).

Mâle adulte, en automne : dans son état normal de ptilose le Combattant n'est qu'un Bécasseau ordinaire : brun en dessus, varié de noir et de roussâtre, moucheté de brun à la tête et au cou ; blanc en dessous. Rien, si ce n'est sa taille et ses formes plus élancées, qui le rapproche des Chevaliers.

Arrive la saison des amours ou des pariades, ce n'est plus le même oiseau,

Alors les petites plumes de la face sont tombées, et, la peau nue, à leur place poussent sur leur bulbe de petites granulations ou papilles vasculaires d'un rouge sanguin et jaunâtre ; les plumes des deux côtés de la tête s'allongent et se crêpent en forme d'amples oreilles ; celles du cou enfin et de la gorge prennent un développement encore plus considérable, dessinant une large collerette de plumes gauffrées et comme recoquillées. En cet état. il ne lui manque plus qu'une longue queue relevée, pour en faire une sorte de petit coq.

En été : sous ces parures de noces, il se trouve difficile à décrire, quoique les couleurs, ne différant que par leur agencement et la plus grande surface qu'elles occupent sur chaque plume, soient toujours les mêmes que celles du plumage normal, c'est-à-dire un mélange de noir, de roux, de brun jaunâtre, et de grisâtre ou de blanchâtre, relevé pour le noir de brillants reflets d'acier. Ce qui fait qu'il est presque impossible de rencontrer deux individus entièrement semblables.

Pour le surplus, les rémiges sont d'un brun foncé ainsi que les rectrices, qui sont en outre barrées de noirâtre. Bec brun-noir ; iris brun ; pieds brun verdâtre. Taille : trente à trente et un centimètres.

Habite l'Europe et l'Asie ; se reproduit en Angleterre, en France, et un très grand nombre en Hollande et en Bessarabie.

Niche dans un creux de quelques centimètres de profondeur, entre-deux mottes de gazon, près d'un marais ou dans une lande garnie de bruyères. Pond quatre ou cinq œufs d'un olivâtre clair, ou d'un vert brunâtre, ou d'un brun jaunâtre, avec quelques taches et de petits points roussâtres ou brunâtres, parfois entremêlés de quelques traits irréguliers ou de marbrures de même couleur. Ils mesurent quatre centimètres et demi environ sur trois.

PL. 23. — BÉCASSEAU PLATYRHYNQUE.

Tringa platyrhyncha (Temm.). — *Pelidna platyrhyncha* (Gerbe, *ex* Bonap.).
— *Limicola pygmæa* (Koch, *ex* Lath.).

Mâle adulte, en été : en dessus, noir, chaque plume liserée de
roux ; tête et occiput avec deux bandes étroites rousses du front à
la nuque ; rémiges brun noirâtre ; rectrices noir grisâtre, les
deux médianes noires ; face, nuque, côtés du cou, poitrine et
flancs blanc roussâtre, finement rayés de noir ; gorge, milieu du
ventre et abdomen blancs. Bec d'un cendré rougeâtre à sa base,
qui est déprimée, noir à la pointe faiblement infléchie ; iris brun
noirâtre ; pieds cendré verdâtre. Taille : quinze à seize centimètres.

Type du groupe générique *Limicola*, de Koch.

Habite le nord de l'Europe et de l'Amérique ; se reproduit en
Norwège ; de passage régulier dans plusieurs parties de la France ;
commun en Suisse ; rare ou jamais en Hollande.

Niche dans les marais ou sur les bords des lacs et des fleuves ;
pond de trois ou quatre œufs, à fond verdâtre ou plus ou moins
olivacé ou jaunâtre, pointillés et tachetés de brun noirâtre,
de gris, parfois en entier couleur chocolat, finement et régulièrement grivelés de brun noirâtre ; ils mesurent environ trois centimètres sur deux.

On ne sait rien de particulier de ses mœurs.

PL. 24. — BÉCASSEAU TEMMIA.

Tringa Temminckii (Leisler). — *Pelidna Temminckii* (Boïé). — *Leimonites Temminckii*
(Kaup). — *Actodromus Temminckii* (Ch. Bonap.).

Mâle adulte, en été : en dessus, noir profond, chaque plume
bordée d'un roux vif ; joues, côtés du cou et de la poitrine roussâtre clair, avec taches angulaires brun foncé ; sourcils et tout le
dessous du corps blanc pur ; rémiges noirâtres ; rectrices brun
cendré, liserées de blanc, les deux médianes noires, les deux externes dépassant les autres. Bec très légèrement incliné à la

pointe, et pieds vert noirâtre ; iris brun foncé. Taille : quinze centimètres.

Type du groupe générique *Leimonites*, de Kaup.

Habite le cercle arctique ; la Laponie, où il se reproduit ; se trouve en Angleterre, en Hollande, en Allemagne ; de passage régulier en France et en Savoie.

Niche dans les grands marais et sur les bords des rivières qu'il aime à fréquenter ; pond trois ou cinq œufs d'un vert plus ou moins olivâtre ou jaunâtre, maculés de taches brun noirâtre et de points ou mouchetures cendrés ; ils mesurent trois centimètres sur deux environ.

PL. 24. — BÉCASSEAU ÉCHASSE ou MINULE.

Tringa minuta (Leiss.) — *Pelidna minuta* (Boïé, ex Leiss.). — *Actodromus minutus* (Kaup).

Mâle adulte, en été : en dessus, noir, tacheté de roux sur la bordure des plumes ; joues, côtés et devant du cou d'un gris roussâtre plus ou moins pâle, parsemé, comme chez le Temmia, de taches angulaires brunes ; rémiges noirâtres à baguettes blanches ; rectrices cendrées, bordées de blanc, les deux médianes noires, bordées de roux ; tout le dessous du corps blanc pur. Bec plus court que la tête ; iris et pieds noirs. Taille : treize centimètres.

C'est le type du groupe *Actodromus*, de Kaup.

Habite le nord de l'Europe, de l'Asie et la Sibérie, où il se reproduit ; de passage régulier en Allemagne, en Hollande, en France et en Savoie.

Niche dans les marécages ; pond trois ou quatre œufs d'un jaune verdâtre, ou café au lait, avec taches roussâtres et points gris violacé ; ils mesurent trois centimètres sur deux environ.

Mêmes habitudes que le Temmia avec lequel il voyage souvent de compagnie ; comme celui-ci, il va chercher sa nourriture dans l'eau, où il entre par moments jusqu'à moitié du corps, et d'où il ressort aussitôt en secouant les ailes et la tête.

PL. 25. — BÉCASSEAU MARITIME.

Tringa maritima (Brünnich).

Mâle adulte, en plumage d'été : en dessus, d'un noir violet, avec large bordure et taches d'un roux vif aux plumes du dos et des scapulaires ; devant du cou, poitrine et abdomen cendré blanchâtre, rayé de noir à la poitrine et semé de gouttelettes noirâtres sur les côtés du cou et sur les flancs ; rémiges brunes liserées de blanchâtre ; rectrices cendrées et bordées de blanc pur, les deux médianes noires ; milieu du ventre d'un blanc pur. Bec jaune rougeâtre à la base, noir dans le reste ; iris noirâtre ; pieds jaune clair. Taille : de vingt à vingt et un centimètres.

Type du groupe générique *Arquatella*, de Baird.

Habite le nord des deux mondes, le Spitzberg, où il se reproduit ; assez abondant en Angleterre, en Norwège, sur les bords de la Baltique ; très commun en Hollande ; de passage régulier en Belgique et en France.

Niche à terre ou sur le sable, près des eaux, au milieu des herbes ; pond trois ou quatre œufs d'un vert olive délicatement mouchetés de brun purpurin, surtout au gros bout ; ils mesurent trois centimètres et demi sur deux et demi.

Tout ce que l'on savait jusqu'à ce jour de ce Bécasseau, c'est qu'il nichait dans le voisinage des eaux, fort avant dans le nord ; mais on ignorait dans quelles circonstances et dans quelles conditions.

MM. Evans et Sturge, dans leur voyage au pôle, ont découvert son nid au Spitzberg, dans la Coat-Bay, où l'espèce est très nombreuse ; quatre de ces nids furent observés par eux. C'étaient, disent-ils, de charmants petits nids, enfoncés profondément dans le sol et doublés avec des tiges d'herbes et des feuilles de bouleau noir, contenant pour la plupart quatre œufs (ceux dont nous venons, d'après ces voyageurs, de donner la description).

PL. 25. — BÉCASSEAU CANUT ou MAUBÈCHE.

Tringa canutus (Linn.). — *Canutus islandicus* (Brehm).

Mâle adulte, en été : en dessus, noir intense, chaque plume bordée de roux ; taches ovales du même roux vif sur les scapulaires ; rémiges noirâtres avec baguettes blanches ; rectrices cendré foncé, liserées de blanchâtre ; couvertures sus-caudales blanches, avec croissants noirs et taches rousses ; en dessous, jusqu'au ventre, d'un roux de rouille ou de cuivre ; abdomen blanc maculé de roux et taché de noir ; larges sourcils roux. Bec et pieds noir verdâtre ; iris brun. Taille : de vingt-cinq à vingt-six centimètres.

C'est le type du groupe générique *Canutus*, de Brehm.

Habite les régions polaires de l'ancien et du nouveau continent ; de passage régulier en Angleterre, en Allemagne, en Hollande, en Belgique et en France.

Niche dans les marais ; pond trois ou quatre œufs d'un gris verdâtre ou roussâtre, couverts de larges taches arrondies d'un brun foncé, le plus souvent réunies au gros bout, et de points noirs et cendrés ; ils mesurent quatre centimètres environ sur trois.

Les vers forment la base de sa nourriture ; il y joint des scarabées de mer, de fleuves et de marais, et souvent de très petits coquillages.

PL. 26. — BÉCASSEAU BRUNETTE ou VARIABLE.

Tringa cinclus (Linn.). — *Pelidna cinclus* (Bonap., *ex* Linn.).

Mâle adulte, en été : en dessus, d'un noir profond, bordé de roux vif aux plumes de la tête et plus largement aux scapulaires et aux grandes couvertures, qui se terminent par du cendré blanchâtre ; rémiges brun foncé liserées de grisâtre ; rectrices cendré noirâtre frangées de blanc ; plumes latérales des couvertures sus-caudales blanches sur leurs barbes externes ; en dessous, d'un blanc légèrement teinté de roux avec raie noire sur chaque plume. Bec, iris et pieds noirs. Taille : dix-neuf à vingt centimètres.

Habite le nord de l'Europe et de l'Amérique ; de passage régulier et commun en Hollande et le long des côtes de la France ; se montre aussi en Savoie.

Niche dans les marécages et à la façon du Bécasseau violet, c'est-à-dire en pratiquant un enfoncement en terre au milieu des herbes et des marais ou au bord de l'eau garni des débris de joncs ou de roseaux ; pond trois ou quatre œufs presque en tout semblables à ceux du Canut, et mesurant trois centimètres et demi sur deux centimètres et demi.

Ce Bécasseau se trouve, comme les autres, près des eaux, de préférence sur les bords de la mer, d'où son nom vulgaire *Alouette de mer*, et souvent même sur les ruisseaux d'eau vive ; on l'y voit courir sur les graviers, ou raser au vol la surface de l'eau.

Il existe une variété de cette espèce que l'on a appelée Bécasseau de Schinz ou à collier, mais qui n'est que nominale.

PL. 26. — BÉCASSEAU COCORLI.

Tringa sub arcuata (Temm., *ex* Güldenstein). — *Ancylocheilus subarquatus* (Kaup).

Mâle adulte, en été : en dessus, noir intense à bordure rouge sur la tête, à nuque rousse rayée de noir, à taches angulaires rousses au bord des scapulaires et des grandes couvertures ; rémiges noirâtres à baguettes blanches ; rectrices cendré noirâtre liseré de blanc : en dessous, face, sourcils et gorge blanc pointillé de brun ; le reste roux-marron, parfois tacheté de brun. Bec, iris et pieds noirs. Taille : de dix-neuf à vingt centimètres.

Habite l'Europe et l'Amérique septentrionales ; fréquent en Angleterre, où il se reproduit, surtout en Écosse, ainsi que sur les bords de la mer du Nord et les côtes de la Baltique ; rarement en Hollande ; de passage régulier en France et en Savoie, commun en Sardaigne ; étend ses migrations jusque dans l'Afrique septentrionale.

Niche dans les endroits marécageux et couverts d'herbes ; pond trois ou quatre œufs à fond verdâtre roux ou jaunâtre, parsemés de taches brun rouge ou noirâtre et d'autres d'un gris nuageux ; mesurant trois centimètres et demi sur deux et demi.

PL. 27. — BÉCASSEAU SANDERLING ou DES SABLES.

Tringa arenaria (Linn.). — *Calidris arenaria* (Leach, *ex* Linn.).

Mâle adulte, en été : face et sommet de la tête marqués de grandes taches noires bordées de roux et liserées de blanc ; cou, poitrine et haut des flancs d'un roux cendré avec taches noires au centre de chaque plume dont l'extrémité est blanchâtre ; dos et scapulaires d'un roux foncé avec de larges taches noires, toutes ces plumes bordées et terminées de blanchâtre ; couvertures des ailes brun noirâtre avec zigzags roux ; rémiges et rectrices noirâtres ; ces dernières frangées de roux cendré ; ventre et tout le dessous du corps d'un blanc pur. Bec, iris et pieds noirs. Taille : de quinze à seize centimètres.

C'est le type du groupe générique *Calidris*, d'Illiger.

Habite les contrées boréales de l'ancien et du nouveau monde ; de passage régulier sur les côtes de la Hollande, de la Belgique, de l'Angleterre et du nord de la France ; accidentellement en Savoie et dans le midi de la France.

Niche dans les régions du cercle arctique ; pond trois ou quatre œufs, à peu de chose près semblables pour la couleur du fond et des taches à ceux de tous les autres Bécasseaux ; ils mesurent, comme la plupart de ceux-ci, trois centimètres et demi, plus ou moins, sur deux et demi.

Mêmes habitudes que tous les membres de sa famille.

PL. 28. — BÉCASSEAU TOURNE-PIERRE.

Tringa interpres (Linn.).

Mâle adulte, en été : en dessus, tête et cou d'un blanc pur, coupé sur le front par un bandeau noir, s'étendant d'un œil à

l'autre, et par les branches postérieures du plastron noir pec-
toral; dos et ailes d'un beau roux, avec le milieu de chaque
plume brun; rémiges et rectrices noires. En dessous, menton,
gorge et estomac noirs, avec plastron de même couleur se relevant en collier sur le blanc du côté et du derrière du cou, et en
écharpe sur les épaules; ventre, abdomen et région anale d'un
blanc pur. Bec noir; iris brun; pieds rouge orangé. Taille de
vingt-deux centimètres.

Type du groupe générique *Strepsilas*, d'Illiger.

Habite le nord de l'Europe et de l'Amérique, où il niche sur
le sable; pond de trois à quatre œufs d'un fond gris plus ou
moins olivâtre ou jaunâtre, parsemé de taches irrégulières et de
mouchetures brun noirâtre; mesurant quatre centimètres sur
trois.

Passe régulièrement en France, en Belgique, en Hollande et
même en Sicile.

Le Tourne-pierre tient tout autant des Bécasseaux que des
Pluviers, et ne se distingue des uns et des autres que par un
léger relèvement du bec à partir du milieu de sa longueur. Son
nom lui vient de son habitude, plus marquée chez lui et observée
depuis longtemps commune à ces derniers, de se servir de ce
faible retroussement de son bec pour soulever et rejeter chaque
petit gravier ou caillou qu'il rencontre, à l'effet d'en faire ressortir du dessous les quelques petits insectes ou coléoptères
dont il est très friand; il se nourrit aussi de menues coquilles
bivalves.

6ᵉ FAMILLE

SCOLOPACINÉS ou BÉCASSES. — Scolopacinæ (Ch. Bonap.).

Les Scolopacinés forment une famille très naturelle : leur
bec, creusé d'un petit sillon médian dans sa partie terminale,
molle et renflée, suffirait pour les caractériser. Le plus grand
nombre se distingue aussi par des doigts libres, une tête com-

primée et dont les côtés sont comme coupés verticalement, à ce point que, plus carrée que ronde, les os du crâne font un angle presque droit sur les orbites des yeux ; ceux-ci, gros et reculés vers l'occiput, et des ailes plus courtes et plus arrondies que celles des autres oiseaux de la tribu.

Ajoutons qu'une espèce, à l'époque des pariades, a l'habitude de percher parfois même assez haut.

Leur nourriture consiste en petits limaçons, en scarabées et et en vers ; ils mangent aussi du blé et surtout de l'avoine, ainsi que des racines tendres d'herbes de marais.

On en compte quarante espèces, dont huit seulement ont été connues de Buffon, de Linné, de Gmelin, qui ont été divisées en onze groupes : Rhynchées, Scolopaces ou Bécasses proprement dites, Rusticoles, Cœnocoryhés, Gallinagos, Xylocotes, pour les grandes espèces ; Némoricoles, Spilures, Lymnocryptes, Philo-limnées, pour les petites ; et Macroramphes, sur lesquelles nous n'en retenons que deux : Scolopaces et Gallinagos.

Ier GROUPE GÉNÉRIQUE
BÉCASSINE, *GALLINAGO* (Leach).

Bec du double plus long que la tète, quadrilatère à la base dans le premier tiers de sa longueur, arrondi et s'amincissant dans le milieu, et aplati presqu'en spatule allongée dans le dernier tiers jusqu'à la pointe, qui est comme de nature spongieuse, percée de pores, et qui dépasse, en l'emboîtant en forme de crochet, la mandibule inférieure; narines basales, latérales, plutôt en fente qu'ovalaires, percées dans un mince sillon s'étendant jusqu'au rétrécissement de la mandibule; ailes médiocres, suraiguës, la première rémige la plus longue; queue courte, conique; jambe nue dans la presque moitié de son étendue; tarse de la longueur du doigt médian, qui est uni à l'externe par une très petite membrane; ongles légèrement courbés, minces, courts et aigus.

Les espèces de ce groupe sont répandues dans toutes les parties du monde : en Europe, en Asie, en Afrique, dans les deux Amériques et en Océanie. Deux seules appartiennent à l'Europe.

Les Bécassines ne se distinguent guère des Bécasses que par des formes moins lourdes et moins trapues. Du reste, un peu plus ou moins sous bois, un peu plus ou moins dans les prairies humides et les marécages, mêmes habitudes et même régime.

PL. 29. — GRANDE ou DOUBLE BÉCASSINE.

Gallinago major (Leach, *ex* Gmel.). — *Scolopax major* (Gmel.).

Mâle adulte, en été : en dessus, noir, varié de roux clair, divisé sur le sommet de la tête par une bande blanc jaunâtre, qui est la couleur des sourcils; rémiges noires, avec la baguette de la première blanche; rectrices blanches, excepté les médianes noires; en dessous, roux blanchâtre, barré de noir au ventre et aux flancs. Bec rougeâtre, brun à la pointe; iris brun foncé; pieds cendré verdâtre. Taille : environ vingt-sept centimètres.

Habite le nord et le midi de l'Europe et l'Afrique septentrionale; peu abondante en Hollande; commune en Sicile, près de Syracuse, de Lentini et de Catane, ainsi que dans toutes les plaines marécageuses de l'île; rare aux environs de Messine et de Palerme; de passage régulier en France.

Niche et se reproduit partout dans les marais; pond trois ou quatre œufs d'un roux clair ou verdâtre, avec des taches brunes ou brun noirâtre, parfois à fond blanc avec des taches brun rougeâtre, les plus petites d'un gris vineux; mesurant quatre centimètres sur trois.

PL. 29. — BÉCASSINE ORDINAIRE.

Gallinago scolopacinus (Bonap.). — *Scolopax gallinago* (Linn.).

Mâle adulte, en été : parties supérieures à peu près variées et distribuées de noir et de roux comme dans l'espèce précédente; cou et poitrine rayés de roux; flancs barrés de blanc et de noirâtre; rémiges brunes, terminées de blanchâtre; rectrices noires barrées de jaune foncé; milieu du ventre et abdomen d'un blanc pur et sans aucune tache. Bec cendré à sa base, brun dans le reste; iris noirs; pieds d'un verdâtre pâle. Taille : vingt-cinq centimètres environ.

Habite l'Europe, l'Asie jusqu'au Japon, et l'Afrique; de passage périodique et régulier dans tous les pays, comme en France, en Suisse, en Savoie et en Sicile.

Niche partout où elle habite; place son nid à terre, sous quelque grosse racine d'aulne ou de saule, dans les endroits marécageux où le bétail ne peut pas parvenir, et le compose d'herbes et de feuilles sèches et de quelques plumes; pond de quatre à cinq

œufs, variant, pour le fond, du blanchâtre au vert clair et au vert
foncé, et du brun clair au brun de bistre ; maculés, dans les premiers, de larges et de petites taches d'un brun purpurin, parfois
d'une seule, presque noire, occupant le gros bout : ces taches paraissent noires sur les derniers ; on n'aperçoit de taches grises ou
bleuâtres que sur ceux à fond blanc ; ils mesurent trois centimètres et demi sur deux et demi.

PL. 30. — PETITE BÉCASSINE ou BÉCASSINE SOURDE.

Gallinago gallinula (Bonap., *ex* Linn.). — *Scolopax gallinula* (Linn.).

Mâle adulte : bande se prolongeant du front à la nuque d'un
noir taché de roux ; larges sourcils jaunâtres suivant la direction
de cette bande ; plumes du dos et des scapulaires noires à reflets
verts et pourprés, toutes marquées d'une raie longitudinale roussâtre ; rémiges brunes terminées de blanchâtre ; rectrices brunes
bordées de roux ; devant du cou cendré blanchâtre varié de roussâtre ; le reste en dessous d'un blanc argenté. Bec bleuâtre à la
base, noir à la pointe ; iris noir ; pieds d'un verdâtre livide.
Taille : seize à dix-sept centimètres environ.

C'est le type des groupes génériques *Lymnocryptes* de Kaup,
Philolimnos de Brehm, et *Arcalopax* de Keyserling et Blasius.

Habite l'Europe, l'Asie et l'Afrique, très répandu en France
à son double passage de printemps et d'automne, ainsi qu'en
Hollande.

Niche et se reproduit partout, notamment aux environs de
Saint-Pétersbourg, où elle est en grand nombre ; et dans les
mêmes lieux et de la même manière que les précédentes Bécassines ; pond de quatre à cinq œufs à fond légèrement verdâtre
ou brunâtre, avec le même système et la même couleur de taches
que les autres Bécassines, et mesurant trois centimètres et demi
sur deux et demi.

C'est le *Bécot* et le *Jaquet* de plusieurs de nos provinces. Gibier
hors ligne pour la broche, comme pour la casserolle ! selon les
expressions de Toussenel.

2ᵉ GROUPE GÉNÉRIQUE

BÉCASSE, *SCOLOPAX* (Linn.).

Bec près de deux fois aussi long que la tête, droit, épais
à la base, obtus à la pointe de la mandibule supérieure qui
recouvre l'inférieure; narines linéaires, percées dans une
rainure profonde; ailes médiocres, amples, aiguës, les deux
premières rémiges les plus longues; queue courte, très
arrondie; jambes entièrement emplumées jusqu'au genou;
tarses épais, de la longueur du doigt médian; doigts divisés,
plante forte; ongles très courts.

Ce groupe renferme six espèces, sur lesquelles Buffon, Linné
et Gmelin n'en ont connu que trois, et dont une seule est propre à
l'Europe; elles se distinguent surtout des Bécassines par des
formes lourdes et massives, une tête beaucoup plus grosse, l'occiput très relevé, des yeux à fleur de tête et presque au niveau du
front; enfin, par l'organisation du bec, qui est comme barbelé
aux côtés vers son extrémité, selon la remarque de Buffon.

La forme de leur œuf subit une modification analogue : il devient plus ventru et beaucoup moins pyriforme ou ovoïconique.

PL. 30. — BÉCASSE ORDINAIRE.

Scolopax rusticola (Linn.).

Mâle adulte : en dessus, varié de roussâtre, de jaunâtre et de
cendré, et marqué de grandes taches noires; une bande de cette
dernière couleur sur le front, du dessus d'un œil à l'autre, une
seconde à l'occiput partant de l'angle extérieur des yeux, une
troisième à la nuque, enfin une raie noire de la commissure à
l'angle interne; rémiges brunes, avec taches triangulaires rousses

sur les barbes externes ; rectrices noires. barrées de roux sur les barbes externes, terminées de cendré en dessus et de blanc inférieurement ; corps, en dessous, d'un roux jaunâtre avec zig-zags bruns. Bec couleur de chair cendrée ; iris noir ; pieds gris livide. Taille variant de quarante à quarante-huit centimètres.

Habite l'Europe, où elle est très répandue, l'Asie et l'Afrique septentrionale, la Norwège, la Sibérie où Gmelin l'a vue en quantité à Mangasea sur le Jénisca ; de passage régulier dans le midi de l'Italie et de la Sicile ; commune en Algérie, surtout dans la province de Bône et dans le Cercle de la Calle.

Niche à terre : en Écosse, non seulement dans les grandes forêts de sapins, mais dans les petites plantations de bouleau qui bordent les rives de la plupart des lacs les plus septentrionaux ; compose son nid de feuilles ou d'herbes sèches entremêlées de petits brins de bois, le tout rassemblé sans art, et amoncelé contre un tronc d'arbre ou sous une grosse racine ; parfois même ce nid ne consiste simplement qu'en un trou gratté dans la mousse ; y pond quatre ou cinq œufs, de forme moins ovoïconique et plus renflés que ceux des autres Échassiers, d'un blanc jaunâtre ou roussâtre, avec quelques taches de brun roux plus ou moins foncé, souvent réunies au gros bout, et de nombreuses taches grises ou bleuâtres, entremêlées parfois d'un semis de petites mouchetures, brunes ou noirâtres ; mesurant quatre centimètres et demi sur trois.

Lorsque les petits sont éclos, ils quittent le nid et courent quoique couverts de poil follet ; ils commencent même à voler avant d'avoir d'autres plumes que celles des ailes, ils fuient ainsi en voletant et se sauvent quand ils sont découverts.

Il arrive pourtant qu'au cas d'un pressant danger, ou prévoyant que leurs jambes leur feront défaut, la Bécasse, avec sa grosse tête, son long bec et ses formes un peu lourdes, trouve encore le moyen de transporter elle-même ses petits d'un endroit à un autre, et même à plus de mille pas, dit Baillon. Mais ce n'est ni dans son bec, ni sur son dos, ni avec ses pieds, commme l'ont avancé plusieurs auteurs. Elle les prend un à un sous son menton, entre son bec, qu'elle rapproche en l'abaissant vers sa poitrine et son cou, ainsi que l'a observé le savant correspondant de Buffon et que l'avait pressenti Toussenel, et parcourt, avec son fardeau disposé de la sorte, d'assez longues distances.

On a souvent agité la question du véritable point de départ des migrations nocturnes des Bécasses. Cela dépend évidemment des points du globe où elles établissent leur résidence.

7ᵉ FAMILLE

LIMOSINÉS ou BARGES. — Limosinæ.

La famille des Limosinés, ou Barges, est une des plus restreintes de la tribu, et se rattache intimement à celle des Bécasses ; elles ont la même forme de corps, mais la tête plus arrondie, les jambes plus hautes et plus dénudées, les ailes plus allongées et les doigts unis ; leur bec, ou presque droit, ou un peu fléchi et légèrement relevé, est aussi plus long tout en ayant la même constitution organique.

Elles se distinguent des Scolopacinés, quant aux habitudes, par leur prédilection pour les marécages, leur séjour de choix. Elles sont en effet destinées, comme le dit Temminck, à vivre dans les marais et sur les bords fangeux des fleuves. Leur bec, très tendre et très flexible, ne peut servir ni à ramasser la nourriture à la surface d'un terrain dur et graveleux, ni à l'enfoncer dans le sol compact des prairies ; il est bon seulement à fouiller dans les boues, dans les limons, ou dans le sable mouvant baigné par les vagues de la mer ; il est muni à cette fin, de même que celui de toutes les Bécasses, de muscles qui lui donnent l'équivalent du sens et du toucher.

La double mue a lieu chez toutes ; elle change presque totalement la couleur du plumage, qui a les plus grands rapports avec celui des Bécasses, un peu plus tard chez les femelles, plus tôt chez les mâles.

Leur chair est loin d'avoir la délicatesse de celle des Bécasses, mais n'en constitue pas moins un assez bon manger.

On en compte dix espèces répandues dans toutes les parties du globe, dont deux appartiennent à l'Europe, sur lesquelles trois ont été connues de Linné et de Buffon, et que l'on a divisées en trois groupes : Barges proprement dites, Térékies et Anharinques. Le premier seul nous occupera.

GROUPE GÉNÉRIQUE UNIQUE

BARGE, *LIMOSA* (Briss.).

Bec près de trois fois la longueur de la tête, moins large à la base que celui de la Bécasse, plus ou moins relevé en haut, à partir du milieu de son développement, mou et flexible en son entier, déprimé et aplati vers son extrémité, qui est dilatée et obtuse, les deux mandibules sillonnées dans toute leur longueur; narines percées de part en part à la naissance du sillon; ailes allongées, suraiguës, la première rémige dépassant les autres; queue courte, égale; jambes nues sur un grand espace au-dessus du genou; tarses grêles, plus longs que le doigt médian, qui est uni au doigt externe par une membrane s'étendant jusqu'à la première articulation; le pouce articulé sur le tarse; l'ongle du doigt médian finement dentelé et formant gouttière.

Deux espèces seules appartiennent à l'Europe.

PL. 31. — BARGE A QUEUE NOIRE.

Limosa ægorephala (Leach, *ex* Linn.). — *Scolopax ægocephala* (Linn.).

Mâle adulte, en été : en dessus, noir; plumes du sommet de la tête et scapulaires bordées de roux vif; sourcils roux blanchâtre; lorums bruns; couvertures des ailes cendrées; rémiges noires, avec miroir blanc; en dessous, roux vif, semé de très petits points bruns à la gorge et au cou, zébré de zigzags noirs à la poitrine et aux flancs; rectrices bordées latéralement de blanc; ventre et abdomen d'un blanc pur. Bec orangé vif à la base; iris noisette; pieds noirs. Taille de quarante et un et quarante-deux centimètres.

Habite l'Europe, l'Asie et l'Afrique; de double passage dans les pays marécageux de l'Europe ; nulle part aussi abondant qu'en Hollande ; de passage régulier en France.

Niche dans les hautes herbes au voisinage des eaux ; pond quatre œufs d'un vert olivâtre plus ou moins foncé, ou d'un fauve pâle, avec de nombreuses taches d'un brun verdâtre, parfois nuageuses, formant rarement couronne au gros bout ; ils mesurent cinq centimètres et demi sur trois ou quatre.

Cette Barge fréquente les marais, les prairies humides, les bords bourbeux des fossés et des flaques d'eau, très accidentellement les bords de la mer. Elle s'y nourrit de larves, de vers, d'insectes et de frai de grenouilles.

L'espèce suivante a été mieux observée.

PL. 31. — BARGE ROUSSE.

Limosa rufa (Briss.).

Mâle adulte, en été : sommet de la tête et nuque d'un roux clair rayé de brun ; sourcils, gorge, côtés du cou et sans exception toutes les parties inférieures d'un roux rougeâtre très vif et foncé, variées sur les côtés de la poitrine et sur les couvertures inférieures de la queue de raies noires ; dos, scapulaires et les longues plumes qui s'étendent sur les rémiges d'un noir profond, toutes marquées sur les bords des barbes de taches ovales d'un roux vif ; couvertures des ailes cendrées et bordées de blanc pur ; rémiges noires, marbrées intérieurement de blanc ; rectrices barrées alternativement de bandes brunes et blanches. Bec rouge, livide à la base, avec le bout noir ; iris brun ; pieds noirs. Taille : trente-cinq à trente-six centimètres.

Habite l'Europe, l'Asie et l'Afrique ; réside plus au nord que la Barge à queue noire ; en grand nombre sur les bords de la mer Baltique, dans toute l'Angleterre, et dans plusieurs pays marécageux de l'Allemagne ; de double passage le long des côtes de Hollande et de France et dans quelques marais de cette contrée ; très rare dans les régions méridionales.

Niche de préférence sous le cercle arctique ; se reproduit en Angleterre, dans quelques localités de la France ; pond quatre ou cinq œufs renflés, pyriformes ou ovoïconiques et assez variables sous le rapport de la couleur. En général, ils sont moins verdâtres que ceux de l'espèce précédente, à fond généralement fauve blanchâtre, avec de larges taches espacées d'un brun olivâtre, parfois réunies au sommet de l'œuf en forme de calotte, et d'autres grisâtres ; ils mesurent cinq centimètres et demi sur près de quatre.

8ᵉ FAMILLE

HIMANTOPODINÉS ou ÉCHASSES. — Himantopodinæ...

Elle a les mêmes habitudes que la précédente.

Les Echasses qui terminent cette tribu font une petite famille à part de celle des Avocettes qui la commencent. On peut dire que les Echasses sont des Avocettes à bec droit, de même que l'on pourrait dire que celles-ci sont des Echasses à bec retroussé.

L'Echasse paraît tout en jambes. Malgré la gracilité exceptionnelle de ses formes, de même que tous les types sortis de l'œuvre de la création, elle n'en a pas moins son harmonie relative, et n'est pas plus anormale que tant d'autres Echassiers.

Les Echasses fréquentent plus les bords de la mer et ceux des lacs salins que les rivières et les lacs d'eaux douces. Elles se nourrissent surtout d'insectes et volent avec une étrange rapidité.

La famille se compose de six espèces réparties dans les diverses parties du monde, dont deux seules ont été connues de Brisson, de Linné et de Buffon. On les a divisées sous le nom d'Echasses proprement dites, et de Cladorynques, dont les premières seules nous occuperont, les secondes étant étrangères à l'Europe.

7e GROUPE GÉNÉRIQUE UNIQUE

ÉCHASSE proprement dite, *HIMANTOPUS* (Briss.).

Bec une fois et demie aussi long que la tête, mince, cylindrique, effilé, aplati à sa base, comprimé à la pointe; mandibules cannelées latéralement jusqu'à la moitié de leur longueur; narines latérales, linéaires, percées à l'origine des sillons; ailes très longues, suraiguës, la première rémige dépassant de beaucoup les autres; queue médiocre et carrée; jambes nues dans presque toute leur étendue; tarses trois fois plus longs que le doigt médian, minces, comprimés, entièrement réticulés; le doigt du milieu réuni à l'externe par une large membrane, et à l'interne par un très petit rudiment; ongles très petits et plats.

Une seule espèce, type du groupe, figure en Europe.

PL. 32. — ÉCHASSE A MANTEAU NOIR.

Himantopus melanopterus (Meyer).

Mâle adulte, en été : en dessus, occiput et nuque noirs; dos et ailes d'un noir à reflets verdâtres; en dessous, face, cou, poitrine et toutes les parties inférieures d'un blanc pur, prenant une légère teinte rose sur la poitrine et sur le ventre ; queue cendrée. Bec noir, iris rouge cramoisi ; pieds d'un rouge vermillon. Taille : quarante-cinq centimètres environ.

Habite l'Europe, l'Asie et l'Afrique, abondante en Hongrie et sur tout le littoral de la mer Noire; de passage en Angleterre, en Allemagne et en France, jamais en Hollande.

Elle est également de passage périodique en Sicile.

Niche à peu près partout où elle se présente : au sud de la

Russie, en Hongrie, en France dans les marais de la Picardie, aux environs d'Abbeville, où de la Motte a constaté deux nichées en 1818 et en 1849 ; Gerbe rapporte que M. de Meezemaker, maire de Bergues, conserve dans sa collection, un œuf complètement formé, et extrait du ventre d'une femelle qui avait été abattue près de Bergues, dans un marais salin nommé *Petite Moëre ;* dans les vastes étangs marécageux qui avoisinent le Rhône à son embouchure et près d'Aigues-Mortes, d'où Crespon s'en est procuré les œufs ; en Angleterre, en Allemagne, en Sardaigne; en Algérie, où elle est des plus communes, et en Égypte.

Établit son nid dans les marais au milieu d'une touffe d'herbe, à l'abri des atteintes de l'eau ; le compose de quelques débris d'herbes ou de roseaux desséchés; et pond quatre œufs d'un fond blanc légèrement teinté de jaunâtre, avec un semis de taches espacées de forme ronde et de points noirs ou brunâtres entremêlés de mouchetures grises; ils revêtent l'aspect général des œufs de Pluviers; ils mesurent quatre centimètres et demi sur trois.

Elle se nourrit de diptères et de frai de poissons.

3ᵉ TRIBU

LES CHARADRIIDÉS OU PLUVIERS

Charadriidæ.

Cette tribu, que nous étiquetons, faute de mieux, du caractère bien impropre de Pluviers, puisque les Pluviers n'en forment que le tiers, quoique les plus nombreux en espèce, est, par le fait même de sa composition, organisée d'éléments les plus disparates quant aux caractères extérieurs; et elle est peut-être. de toutes les tribus d'Échassiers, la plus hétérogène. Aussi, sommes-nous dans l'impossibilité d'en assigner les attributs d'une manière générale, nous réservant de les indiquer en nous occupant de chacune des familles qui la constituent, au nombre de six pour la faune d'Europe :

Les GLARÉOLES,

Les HUITRIERS,

Les ŒDICNÈMES,

Les VANNEAUX.

et les PLUVIERS proprement dits.

Toutes ayant leurs représentants dans les diverses parties du monde.

Ils n'en demeurent pas moins toujours oiseaux de rivages, les uns préférant les sables ou les grèves, les autres les marécages ou les prairies humides.

GLARÉOLINÉS ou GLARÉOLES. — Glareolinæ.

Les Glaréolinés ou Glaréoles, par leurs formes. rappellent beaucoup, sans l'allongement du côté des pattes, celles des Hirondelles; aussi comprend-on qu'on ait pu les confondre, sinon les ranger avec celles-ci : elles volent avec la même rapidité, se jouent comme elles dans les airs, et chassent de la même manière.

Elles se nourrissent de vers et d'insectes, et sont plus insectivores, dans toute la force de l'expression , s'il se peut, qu'aucun Vanneau et qu'aucun Pluvier ; car elles saisissent les insectes avec une étonnante rapidité, au vol comme à la course ; on trouve constamment en outre des charançons du blé dans leur estomac. Elles fréquentent les bords des rivières et des lacs, ou les côtes de la mer ; mais recherchent partout les grèves ou rives sablonneuses plutôt que celles de vase ou les marécages.

Les dix ou douze espèces qui composent cette famille, toutes de l'ancien continent, ont été divisées en trois groupes génériques : Stiltica, Glaréoles proprement dites, et Galachrysien, que nous réunissons sous la seule et unique appellation de Glaréoles, n'en formant ainsi qu'un groupe.

GROUPE GÉNÉRIQUE UNIQUE

GLARÉOLE, *GLAREOLA* (Briss.).

Bec deux fois et demie plus court que la tête, convexe,
c'est-à-dire insensiblement de la base à la pointe, les bords
mandibulaires dessinant la même courbe, aussi haut que
large à son sommet; narines ovales, basales, latérales, percées dans une membrane couvrant la base du bec; ailes
longues, suraiguës, toutes les rémiges diminuant graduel-
lement à partir de la première, et dépassant de beaucoup la
queue, qui est très fourchue dans une espèce, et simplement échancrée dans l'autre; tarses minces, du double de
la longueur du doigt médian, scutellés en devant, réticulés
en arrière; doigts grêles, celui du milieu uni à l'externe par
une courte membrane, le pouce articulé au talon et posant
à plat; ongles longs, comprimés et subulés, celui du milieu
beaucoup plus long que les autres, et remarquable par un
caractère que seul a révélé le docteur Reichenbach, qui l'a
placé, lui, dans les Perdrix; au lieu d'être finement pectiné,
il est profondément et largement divisé dans la moitié de
sa longueur, à partir de la pointe, en cinq portions égales et
obtuses. A quel usage? Là est la question.

Deux espèces seulement, appartenant à l'Europe, composent
ce groupe.

PL. 33. — GLARÉOLE A COLLIER.

Glareola torquata (Meyer). — *Glareola pratincola* (Leach, *ex* Linn.). —
Hirundo pratincola (Linn.).

Mâle adulte : en dessus, sommet de la tête, nuque, dos, scapulaires et couvertures des ailes d'un gris brun; en dessous, gorge

et devant du cou d'un blanc légèrement teint de roussâtre, en-cadré par un très étroit collier noir, remontant vers la commis-sure en passant sous l'aile ; poitrine d'un brun blanchâtre ; cou-vertures du dessous des ailes d'un brun marron ; parties inférieures d'un blanc nuancé de roussâtre ; rémiges brun noir ; rectrices d'un blanc pur à leur base, noirâtres vers le bout. Bec brun rougeâtre ; cercle nu des yeux et paupières d'un rouge vif ; iris brun ; pieds d'un rougeâtre cendré. Taille : vingt-cinq centimètres.

Type du groupe générique *Pratincola*, de Degland.

Habite l'Europe méridionale et orientale, l'Asie et toute l'Afrique ; en Europe, on la trouve plus particulièrement en Hongrie, où Temminck dit s'être trouvé souvent entouré de plusieurs centaines de ces oiseaux, dans les immenses marais des lacs Neusidel et Balaton ; en Morée, en Dalmatie ; dans les plaines et les steppes du midi de la Russie, dans tous les parages de la mer Noire et de la mer Caspienne ; en Sardaigne ; en Espagne et en France, dont elle fréquente les plages sablonneuses de la Mé-diterranée, où elle arrive, dit Crespon, vers la fin d'avril, et d'où elle repart à la fin d'août.

Niche en compagnies dans tous les pays qu'elle fréquente ; ne construit pas de nid, quoique Temminck le lui fasse faire parmi les roseaux les plus touffus et dans les hautes herbes ; et Crespon, sur le bord des marécages couverts de salicornes li-gneuses ; mais dépose ses œufs, au nombre de trois, d'après M. Salvin, dans un léger enfoncement sur le sable nu : ces œufs, de forme un peu ventrue, sont excessivement variés de couleur, tenant de ceux des oiseaux de marais et de ceux des oiseaux de sables ; le fond normal en est d'un blanc laiteux, mais d'un brun fauve où clair chez quelques-uns ; chez d'autres d'un fond ver-dâtre, passant du vert d'eau au vert foncé des œufs de Corbeaux ; tous parsemés de taches et de macules irrégulières, anguleuses ; parfois de traits de couleur ou noirâtres, ou brun foncé ; ils me-surent un peu plus de trois centimètres sur deux et demi.

En dehors des insectes dont elles se nourrissent, les Glaréoles s'acharnent à la poursuite des sauterelles, à leur passage, et en font une énorme destruction. Elles doivent donc compter au nombre de nos plus utiles auxiliaires.

LA GLARÉOLE DE NORDMANN ou MÉLANOPTÈRE.

Glareola melanoptera (Nordmann).

Mâle adulte : en dessus, d'un brun grisâtre plus foncé que chez l'espèce précédente ; couvertures inférieures des ailes en entier d'un noir fuligineux, ainsi que les rémiges, dont la baguette est blanche ; queue moins fourchue, avec les rectrices blanches dans leur première moitié, noires dans le reste ; en dessous, gorge et cou d'un blanc sale, encadrés d'une étroite ligne noire remontant se confondre avec le noir des lorums ; bas du cou et poitrine gris ; ventre blanchâtre ; couvertures axillaires noires. Bec jaunâtre à la base et aux commissures, noir à la pointe ; bords libres des paupières ; iris brun ; pieds noirâtres. Taille : vingt-six centimètres.

Habite l'Europe, l'Asie et l'Afrique australe ; n'est pas rare dans la Russie méridionale, se voit en Grèce ; très commune dans les déserts de la Tartarie, depuis le Volga jusqu'à l'Irtisch, d'après Pallas.

Niche comme la Glaréole à collier ; pond trois ou quatre œufs de même forme et peu différents de couleur que les siens, plutôt jaunâtres que verdâtres et portant des taches semblables. Ils mesurent trois centimètres et demi sur deux et demi.

Des plus abondantes dans le désert d'Iaïeh ; elle y erre, dit Pallas, par petites troupes et, après l'éducation des jeunes, se réunit en bandes nombreuses. Elle ne fréquente point le bord des eaux, mais les terrains arides, ceux principalement qui sont imprégnés de sel. C'est le soir qu'elle fait la chasse aux insectes, notamment aux grillons, dont elle diminue considérablement le nombre.

2ᵉ FAMILLE

HÆMATOPODINÉS ou HUITRIERS. — Hæmatopodinæ (G.-R. Gray).

Les Hæmatopodinés, ou Huitriers, sont du petit nombre des Gralles qui n'ont que trois doigts dirigés en avant, celui du milieu réuni à l'externe, jusqu'à la première articulation, par une membrane, et à l'interne par un petit rudiment, chaque doigt bordé d'un fin liseré membraneux, comme barbelé; ce qui les rapproche en une certaine mesure des Pluviers.

Ce qui les distingue, ainsi que les Bécasses, c'est l'anomalie, unique en son genre, qu'ils présentent dans la forme de leur bec qui est aplati et comprimé sur les côtés dans toute sa longueur jusqu'au bout, dont la coupe carrée forme un coin tranchant; ce qui le rend tout à fait propre à détacher, soulever et arracher des rochers les huitres et autres bivalves dont ils se nourrissent, ainsi qu'à les ouvrir.

Ce sont donc des oiseaux essentiellement de rivages, sociables, vivant en troupe et nichant de même. On en compte dix espèces de toutes les parties du monde, dont une seule, que nous allons décrire, particulière à l'Europe, a été connue de Linné et de Buffon. On les a divisées en deux groupes : Huitriers proprement dits, et Ibidorhynques, dont nous ne retenons que le premier.

GROUPE GÉNÉRIQUE UNIQUE

HUITRIER, *HÆMATOPUS* (Linn.).

Bec du double de la longueur de la tête, plus haut que large, comprimé latéralement à partir de la base; narines oblongues, basales, latérales, percées dans une rainure se prolongeant jusqu'au milieu du bec; ailes suraiguës, les deux premières rémiges presque égales, mais la seconde, un peu plus longue, atteignant l'extrémité de la queue qui est coupée carrément; jambes nues au-dessus de l'articulation; tarses d'un tiers plus longs que le doigt médian, réticulés, robustes; ongles courts.

Le type de ce groupe est l'espèce qui suit :

PL. 34. — HUITRIER-PIE.

Hæmatopus ostralegus (Linn.).

Mâle adulte : en dessus, d'un noir profond, miroir blanc sur l'aile; en dessous, blanc pur, hausse-col très marqué sous la gorge. Bec et cercle nu des yeux d'un orange très vif; iris cramoisi; pieds d'un rouge blafard. Taille : quarante-deux centimètres.

Habite les côtes maritimes sur toute l'étendue de l'Europe ; très abondant en été et en automne sur toutes celles de Hollande et d'Angleterre ; tout aussi commun en Asie, et surtout dans l'Afrique septentrionale.

Niche, sans faire de nid proprement dit, sur le sable nu où il dépose ses œufs, hors de la portée des eaux, sans aucune préparation préliminaire, se contentant de gratter, pour y faire une apparence d'excavation ; seulement, il semble choisir pour cela le haut des dunes, et les endroits parsemés de coquillages. Le nombre des œufs est ordinairement de quatre ou cinq, assez gros, de forme ovalaire, d'un roux clair, sale ou jaunâtre, avec des traits irréguliers et des taches d'un brun noir. Les œufs de toutes les espèces se ressemblent à ce point, qu'une fois mélangés, il est difficile, sinon impossible d'assigner à chacun celle dont il provient ; ils mesurent cinq centimètres et demi sur près de quatre.

L'Huitrier-Pie, sur nos côtes, paraît se nourrir en grandes partie d'Anomies et de Vénus ; du moins, d'après Gerbe, un assez grand nombre d'individus, tués près de Granville et dans la baie de la Forêt, près de Concarneau, n'avaient dans leur estomac que des débris, facilement reconnaissables, de ces genres de mollusques.

3ᵉ FAMILLE

ŒDICNÉMINÉS ou ŒDICNÈMES. — Œdicneminæ (G.-R. Gray).

Les Œdicnéminés ne sont que de grands Pluviers, dont on distingue huit à dix espèces disséminées dans les diverses parties du monde, et divisées scientifiquement en cinq petits groupes génériques : Burhins, Œdicnèmes proprement dits, Esaques et Carvanaces, auxquels on a ajouté les Drômes. Une seule de ces espèces, d'Europe, a été connue de Linné et de Buffon, et le groupe seul auquel elle appartient, et dont elle est le type, celui des Œdicnèmes proprement dits, doit nous occuper.

Hauts sur pattes, ils ne fréquentent que les terres arides et sablonneuses, ou couvertes de bruyères, à la couleur desquelles celle de leur plumage, comme celle de leur œuf, semble avoir été providentiellement adaptée. Ils sont polygames.

Nous les réduisons donc à un groupe générique unique.

GROUPE GÉNÉRIQUE UNIQUE

OEDICNÈME, *OEDICNEMUS* (Temm.).

Bec de la longueur de la tête, épais, triangulaire et légèrement déprimé à la base, comprimé dans sa première moitié, renflé jusqu'à la pointe, à mandibule inférieure relevée angulairement ; narines linéaires, basales, percées de part en part dans la première portion membraneuse du bec et obliques ; ailes grandes, à peu près aiguës, les trois premières rémiges presque égales, n'atteignant pas l'extrémité de la queue, qui est très arrondie ; jambes nues, épaisses, ayant un renflement au-dessous du genou, qui parait gonflé comme chez l'Huitrier ; tarses grêles, plus longs que le doigt médian, qui est uni à chacun des deux autres par une membrane qui les déborde, squamulés en devant, réticulés en arrière et sur les côtés ; ongles très courts.

Une seule espèce en représente le type en Europe.

PL. 35. — OEDICNÈME CRIARD.

OEdicnemus crepitans (Temm.). — *Charadrius œdicnemus* (Linn.).

Mâle adulte : en dessus, roussâtre cendré, chaque plume rayée de brun noirâtre ; moustaches brunes ; en dessous, d'un blanc teinté de roux au cou et à la poitrine, avec raie brune sur chaque plume ; et d'un blanc pur aux lorums, à la gorge, au ventre et aux cuisses ; rémiges noires, avec miroir blanc sur les deux premières, les autres terminées de blanc ; rectrices rayées et bordées de noir, excepté les deux médianes de la même couleur que le dos. Bec, d'un jaune citron à la base, noir à la pointe ;

paupières et iris du même jaune ; pieds d'un jaune verdâtre. Taille : quarante à quarante-deux centimètres.

Habite l'Europe, où il est répandu partout ; l'Italie, la Sardaigne, l'Archipel et la Turquie ; de passage en Allemagne, très accidentellement en Hollande ; se voit en Asie et dans le nord de l'Afrique, ainsi qu'aux Canaries.

Niche dans les endroits pierreux, dans des plaines sablonneuses, près de la mer ou des fleuves, des lacs, des étangs, selon les pays où il se trouve ; dépose ses œufs, au nombre de trois ou quatre, à terre ou sur le sable, dans un petit enfoncement, au milieu des herbes ou des bruyères, ou bien entre des pierres rassemblées avec soin dans un creux pratiqué en grattant la terre ; ces œufs sont très gros relativement au volume de l'oiseau, et presque également obtus aux deux bouts ; d'un gris jaunâtre ou roussâtre, avec des mouchetures et des taches irrégulières d'un brun foncé, entremêlées parfois de points violacés ; ils mesurent cinq centimètres et demi sur trois et demi ou quatre.

Les mouches et les scarabées, les petits limaçons et autres coquillages terrestres sont le fond de sa nourriture, avec quelques autres insectes qui se trouvent dans les terres en friche, comme grillons, sauterelles et courtilières, parfois même de petits lézards noirs, tels que ceux qui se trouvent dans les dunes de la Picardie, et de petites couleuvres ; car il ne se tient guère que sur le plateau des collines, et habite de préférence les terres pierreuses, sablonneuses et sèches. (Toutefois, c'est dans les prairies de la Champagne que nous avons rencontré le plus souvent l'OEdicnème, et non dans les parties crayeuses.) M. Miannée de Saint-Firmin a trouvé dans l'estomac d'individus qu'il a tués, non seulement des débris de lézards, mais encore, au mois de septembre 1861, un campagnol entier.

Il paraît assez domesticable et facile à apprivoiser.

4ᵉ FAMILLE

CHARADRIINÉS ou PLUVIERS proprement dits. — Charadriinæ.

Les Pluviers se nourrissent de vers et d'autres insectes. Ils fréquentent les marais et les bords fangeux des fleuves et des rivières ; les uns se rendent rarement à la mer, les autres vivent le plus habituellement sur les côtes maritimes et aux embouchures des fleuves ; le plus grand nombre vit en petites troupes ; mais tous émigrent en compagnies plus ou moins considérables ; les jeunes voyagent ordinairement réunis, toujours en bandes séparées des vieux.

La famille se divise en douze groupes, désignés sous les noms, plus étranges les uns que les autres, de Squatarolles, Zonibyx, Pluvials ou Pluviers proprement dits, Pluviorhynque, Morinelle ou Guignard, Oxyèque, Ægiale, Thinormis, Cirrépidesme, Octhodrôme, Leucopolies, et Charadrie ou Gravelot, que nous confondons sous un seul et même groupe : Pluvier.

Elle se compose de près de cinquante espèces, répandues sous toutes les latitudes, dont six ou sept seulement sont connues de Buffon, de Linné et de Gmelin, et appartiennent à l'Europe.

GROUPE GÉNÉRIQUE UNIQUE
PLUVIER, *CHARADRIUS* (Linn.).

Bec généralement plus court que la tête, ou droit, ou plus ou moins renflé à la pointe des deux mandibules ; narines linéaires, à fente étroite, basales ; ailes plus ou moins aiguës, tantôt les deux premières rémiges égales, tantôt la première seulement la plus longue ; queue médiocre, légèrement arrondie ; jambes nues ; tarses moitié plus longs que le doigt médian, squamulés en devant, réticulés en arrière, trois doigts réunis par une faible membrane atteignant à peine la première articulation ; pouce rudimentaire ou réduit à l'ongle ; ongles très courts et très faibles.

La tête est ronde, le front élevé et presque carré.
Ce groupe fournit six ou sept espèces à l'Europe.

PL. 36. — PLUVIER DORÉ.

Charadrius pluvialis (Linn.). — *Pluvialis apricarius* (Bonap., *ex* Linn.).

Mâle adulte : en dessus, d'un noir de suie, marqué de grandes taches d'un jaune doré, disposées et formant écailles sur les bords des barbes ; rémiges noires, à baguettes blanches vers le bout ; rectrices brunes avec barres jaunâtres ; en dessous, varié de taches cendrées, brunes et jaunâtres aux côtés de la tête, au cou et à la poitrine ; gorge et parties inférieures blanches. Bec, pieds et iris noirs. Taille : vingt-sept centimètres.

C'est le type du groupe générique *Pluvialis*, de Ch. Bonaparte, et le plus grand des Pluviers.

Habite l'Europe, l'Asie et le nord de l'Afrique ; sédentaire en Angleterre et en Allemagne ; de passage régulier en Belgique, en Hollande et en France ; commun. l'hiver, en Sardaigne.

Niche le plus ordinairement dans les prairies ou les bruyères humides et marécageuses, pond de trois à cinq œufs pyriformes ou ovoïconiques, d'un fond ou blanc sale grisâtre, ou fauve, ou olivâtre, semé largement de grandes taches irrégulières d'un brun foncé ou noirâtre, fréquemment plus nombreuses au gros bout ; ils mesurent cinq centimètres sur trois et demi.

C'est de leur arrivée dans la saison des pluies, qu'ainsi que le rappelle Buffon, on les a nommés *Pluviers*.

PL. 36. — PLUVIER GUIGNARD.

Charadrius Morinellus (Linn.). — *Morinellus sibiricus* (Bonap., *ex* Lepechin).

Mâle adulte, en été : face et sourcils d'un blanc pur ; sommet de la tête et occiput noirâtres, avec quelques plumes bordées de roussâtre ; nuque et côtés du cou cendrés ; plumes du manteau et des ailes encadrées de roux très foncé ; pennes alaires et caudales d'un brun noirâtre, avec la tige de la première rémige blanche ; rectrices terminées de blanc ; sur la poitrine une étroite bande brune, suivie d'un large ceinturon blanc ; dessous de la poitrine et flancs d'un roux très vif ; milieu du ventre d'un noir profond ; abdomen d'un blanc roussâtre. Bec noir ; iris brun ; pieds d'un cendré verdâtre. Taille : trente-deux centimètres.

C'est le type du groupe générique *Morinellus*, de Ch. Bonaparte.

Habite l'Europe, l'Asie et l'Afrique ; commun et en grand nombre en Italie, dans l'Archipel et en Grèce ; de passage en Allemagne et en France ; très accidentellement en Hollande.

Niche dans le nord de la Russie ; en Norwège sur les grands plateaux des montagnes non boisées, sous le soixantième degré, ainsi que sur les montagnes de la Bohême et de la Silésie, à une élévation de quatre mille cinq cents ou quatre mille huit cents pieds, dit Temminck ; pond. dans une petite cavité tapissée de lichens, quatre ou cinq œufs, généralement pyriformes, quoique parfois ventrus, d'un fond ou roussâtre ou blanchâtre parsemé de taches rondes brun foncé ou noirâtres, entremêlées dans le premier de nombreuses taches grises ; mesurant quatre centimètres sur trois.

Le Guignard était presque sédentaire autrefois en France dans plusieurs départements.

Ainsi, d'après les renseignements recueillis et communiqués par J. Ray à Gerbe, le Guignard nichait jadis dans les grandes plaines de l'Aube.

Le même phénomène s'est produit dans la Beauce et dans tout le pays Chartrain, si célèbre encore, il y a à peine trente ou trente-cinq ans, par ses pâtés de Guignards, devenus aujourd'hui de véritables mythes.

PL. 37. — GRAND PLUVIER A COLLIER.

Charadrius hiaticula (Linn.).

Mâle adulte, en été : en dessus, d'un brun cendré ; front, lorums, large bande coronale passant sur les yeux et venant aboutir à l'occiput, enfin sur la poitrine large plastron dont les extrémités se joignent sur la nuque, d'un noir profond ; en dessous, d'un blanc pur ; rémiges primaires d'un noir brunâtre, avec l'extrémité de la tige blanche et une tache blanche sur chaque penne ; rectrices blanches, les deux médianes comme le dos. Bec d'un jaune orange à la base, noir à la pointe ; iris noir ; bords libres des paupières et pieds jaune orange. Taille : seize centimètres.

C'est le type du groupe générique *Ægialites*, de Boïé.

Habite toute l'Europe, l'Asie jusqu'au Japon, et l'Afrique jusqu'au cap de Bonne-Espérance.

Niche sur la grève, le sable nu ou parmi les coquillages et le gravier, souvent aussi dans les prairies au bord des eaux ou proches de la mer ; pond, dans un petit enfoncement, de trois à cinq œufs assez gros, ovoïconiques, d'un gris jaunâtre rarement olivâtre, avec de petites taches tantôt rondes, tantôt anguleuses, d'un brun noir, ordinairement plus nombreuses au gros bout, et quelques points d'un gris foncé ; mesurant de trois à trois et demi centimètres sur deux et demi.

Les petits aussitôt éclos courent avec leurs parents à la recherche de mollusques terrestres, des vers et des insectes les plus mous qui composent leur première nourriture.

PL. 37. — PETIT PLUVIER A COLLIER.

Charadrius minor (Meyer).

Mâle adulte, en été : en dessus, brun cendré; front, lorums, large bande coronale passant sur les yeux et venant aboutir en ligne droite en dessous, sur la poitrine un étroit plastron dont les extrémités se joignent sur la nuque, noir; rémiges primaires brunes, la première à baguette blanche ; queue en partie blanche et noire, les deux rectrices latérales entièrement blanches ; en dessous, y compris une bande frontale, la gorge et un collier, d'un blanc pur. Bec complètement noir; bords libres des paupières d'un jaune vif; iris noir ; pieds couleur de chair jaunâtre. Taille : treize centimètres.

C'est le plus petit de la famille.

Habite, comme le précédent, l'Europe, l'Asie et l'Afrique ; commun en Allemagne, en France, en Savoie et en Italie, accidentellement ou de passage en Hollande.

Niche plus volontiers au bord des fleuves qu'au bord de la mer ; pond trois ou quatre œufs, ou d'un gris jaunâtre, ou d'un blanc fauve et plus ou moins rosé, piquetés de petits points roux, noirs et cendrés; mesurant près de trois centimètres sur deux.

Ce Pluvier a les mêmes mœurs exactement, les mêmes habitudes et les mêmes allures que le grand Pluvier à collier.

PL. 38. — PLUVIER A COLLIER INTERROMPU.

Charadrius cantianus (Latham).

Mâle adulte, en été : en dessus, d'un cendré brun; tache d'un noir cendré derrière l'œil; tête et nuque d'un roux très clair; en dessous, y compris le front, de larges sourcils d'un blanc pur, coupé par une large tache, de chaque côté de la poitrine, d'un noir intense formant un collier interrompu; grand espace angulaire sur la tête du même noir; rémiges d'un brun foncé passant au noirâtre, avec baguettes blanches; rémiges secondaires blanches extérieurement; rectices brunes, les deux latérales blanches. Bec, iris et pieds noirs. Taille : quatorze à quinze centimètres.

Habite l'Europe, l'Asie où il est très commun, ainsi que dans les Archipels et l'Afrique; très abondant en Hollande, en Angleterre, dans le nord de l'Allemagne, et sur toutes les côtes de France.

Niche sur les plages maritimes de la même manière que les autres espèces; pond trois œufs ou d'un jaune clair ou d'un gris verdâtre, parsemé de petits points et de traits irréguliers anguleux noirs et gris cendré; mesurant de trois à trois et demi centimètres, sur deux à deux et demi.

Même régime et mêmes habitudes que ses congénères.

5ᵉ FAMILLE

VANELLINÉS ou VANNEAUX. — Vanellinæ.

Sur trente espèces, Buffon, Linné et Gmelin n'en ont connu qu'une dizaine, et l'Europe ne s'en attribue que trois.

GROUPE GÉNÉRIQUE UNIQUE

VANNEAU, *VANELLUS* (Linn.).

Bec aussi long ou un peu plus court que la tête, qui est avec ou sans huppe, ou presque droit, ou brusquement renflé à la pointe, comme celui des Pigeons; narines basales, latérales, linéaires, ouvertes dans un sillon plus ou moins étendu; ailes aiguës ou suraiguës, c'est-à-dire les deuxième et troisième rémiges les plus longues, atteignant ou dépassant la queue, qui est égale, et pourvues au poignet d'un tubercule, ou simple, ou plus ou moins prolongé et obtus; jambes nues; tarses plus ou moins grêles, un peu plus longs que le doigt médian, qui est libre et séparé des deux autres, squamulés en devant, réticulés en arrière; pouce plus ou moins développé, ne portant pas sur le sol; ongles courts et faibles.

Trois espèces propres à l'Europe.

PL. 39. — VANNEAU SUISSE ou VANNEAU PLUVIER.

Vanellus melanogaster (Bechstein).—*Vanellus gregarius* (Pallas). — *Chetusa gregaria* (Bonap.).

Mâle adulte, en été : en dessus, d'un noir profond; bandeau frontal, côtés du cou et de la poitrine d'un blanc pur; rémiges primaires noires, toutes les autres bordées largement de blanc; queue blanche, barrée et bordée de noir, les deux rectrices latérales blanches et sans taches; cuisses et abdomen blancs. Bec et pieds noirs; iris jaune orangé. Taille : trente centimètres.

C'est le type du groupe générique *Chetusa,* de Ch. Bonaparte.

Habite les contrées du cercle arctique; l'Europe, l'Asie,

l'Afrique ; de passage partout en Europe ; plus abondant en France qu'en Allemagne ; rare en Suisse ; assez commun dans les îles et sur les côtes de Hollande ; par troupes nombreuses en Crimée.

Niche en Hollande et dans la Russie méridionale, ou à terre, ou sur le sable nu, près des herbes, dans les champs incultes ; pond trois œufs d'un jaune ocreux ou très clair tacheté de brun et de noirâtre avec quelques points gris ; mesurant quatre centimètres et demi sur trois.

Fréquente l'embouchure des fleuves et les bords fangeux des lacs salins.

Se nourrit de vers, de grillons, d'insectes ailés et de scarabées.

VANNEAU A QUEUE BLANCHE.

Vanellas leucurus (Lichtenstein). — *Chetusa leucura* (Ch. Bonaparte).

Mâle adulte, en été : en dessus, d'un gris brun à reflets pourprés ; rémiges noires ; grandes couvertures blanches ; queue d'un blanc pur ; en dessous, face et gorge blanches ; côtés du cou d'un gris lavé de roussâtre ; poitrine d'un violacé bleuâtre, passant au roussâtre ; ventre blanc. Bec noir ; iris brun ; pieds d'un vif jaune verdâtre. Taille : vingt-sept centimètres.

Habite l'Europe, la Russie méridionale, l'Asie et l'Afrique.

Quant à ses œufs, au nombre de trois, ils sont, d'après J. Vian, piriformes, un peu ventrus, mats, verts dans la transparence de la coquille, à fond vert d'eau avec des points très petits et clair-semés, d'un noir pourpré à la surface, passant au brun et au gris lilacé, suivant leur degré de profondeur dans la matière calcaire de la coquille, parfois de taches un peu plus grandes ; ils mesurent quarante-sept millimètres sur trente-sept.

PL. 39. — VANNEAU HUPPÉ.

Vanellus cristatus (Meyer et Wolf, *ex* Linn.). — *Tringa vanellus* (Linn.).

Mâle adulte, en été : en dessus, vert foncé à reflets métalliques éclatants; plumes occipitales très longues, effilées et recourbées en haut en forme de huppe; rémiges noires; queue carrée, blanche dans sa première moitié, noire dans le reste; en dessous; face blanche, trait noir sous l'œil; devant du cou et poitrine d'un noir à reflets, tout le surplus du corps d'un blanc pur. Bec et iris noirs; pieds rouge clair. Taille : trente-quatre centimètres.

C'est le véritable type du groupe.

Habite toute l'Europe, l'Asie occidentale et l'Afrique septentrionale; nulle part aussi abondant, en Europe, qu'en Hollande, en Écosse et dans les steppes de la Russie méridionale; de passage régulier en France.

Niche et se reproduit partout, dans les marais, sur les petites buttes ou mottes de terre élevées au-dessus du niveau du sol, ce qui peut mettre son nid à l'abri de la crue des eaux, mais le laisse à découvert; pour en former l'emplacement, il se contente de tondre à fleur de terre un petit rond dans l'herbe, qui bientôt se flétrit alentour; y dépose trois ou quatre œufs de forme ovoï-conique, ou d'un vert sombre tachetés irrégulièrement de noir, ou d'un jaune ocreux tacheté de brun, beaucoup plus rarement d'un beau vert d'eau, finement pointillé de noir; ces œufs mesurent de quarante-cinq à quarante-sept millimètres, sur trente-deux à trente-quatre.

4e TRIBU

FULCIDÉS ou POULES D'EAU

FULCIDÆ.

De même que nous avons vu les échassiers des Nageurs dans le type des Hirondelles de mer et des Goëlands, et, avec un caractère beaucoup plus prononcé, dans le type des Flamants, nous allons voir, à l'inverse, les nageurs des Échassiers dans la tribu des Rallidés ou Poules d'eau, dont le plus grand nombre nagent et plongent bien plus habituellement que les Goëlands dont on fait des Nageurs.

Ces prétendus Échassiers, en effet, sont presque toujours nageant sur les rivières, les étangs et les marais avec la plus grande facilité. Aussi retrouve-t-on dans leur squelette un ensemble de caractères ostéologiques bien plus analogues à ceux des nageurs qu'à ceux des Échassiers marins, car la palmature festonnée d'une de leurs familles (les Foulques), qui rappelle celle des Grèbes, et leurs fréquentes immersions sont des rapprochements de plus avec ces plongeurs.

On remarque sur la tête d'un grand nombre de ces oiseaux des plaques frontales plus ou moins dures ou cornées, en forme d'écusson, qui ne paraissent être que le prolongement de la couche supérieure de la substance du bec, qui est molle et presque charnue près de la racine ; chez d'autres, ce sont des caroncules.

Plusieurs portent, comme certains Vanneaux et certains Pluviers, des éperons au fouet de l'aile : pour les uns ce sont, comme pour ceux-ci, des armes défensives et offensives, et, dans ce cas, cet organe demeure à l'état permanent ; chez les autres, ce sont des instruments très utiles et assez apparents, mais seulement chez les jeunes de quelques espèces, qui s'en servent comme de supports pour favoriser certains de leurs mouvements au sortir de l'œuf ou dans le nid.

Tous nichent ou sur les roseaux ou à terre, mais jamais sur les arbres, quoique plus d'une espèce y perche. Leur nourriture consiste en graines et racines de plantes aquatiques, en insectes et en petits poissons ; et quelques-uns ne dédaignent ni les charognes, ni les petits mammifères rongeurs, ni même les petits oiseaux.

Si mal conformés pour le vol que soient ces oiseaux, ils n'en sont pas moins migrateurs, mais leur voyage est intermittent.

Cette tribu comprend pour nous onze familles, dont les dernières se lient intimement à la tribu des Gralles ou Coureurs. Mais quatre seulement de ces familles ayant des représentants en Europe, elles seules doivent nous occuper. Ce sont :

  Les FOULQUES,

  Les POULES D'EAU proprement dites,

  Les TALÈVES ou POULES SULTANES,

 et Les RALES.

1re FAMILLE

FULICINÉS ou FOULQUES. — Fulicinæ.

Les Fulicinés ou Foulques devraient être considérées comme les premiers oiseaux par lesquels se continue le grand et nombreux ordre des oiseaux d'eaux et de rivages, ou plutôt des Gralles et Échassiers. Nous avons dit les motifs qui s'opposent à ce rapprochement. Toutefois, sans avoir les pieds entièrement palmés, il faut avouer qu'elles ne le cèdent à aucun des autres oiseaux nageurs, et restent même plus constamment sur l'eau que pas un d'eux, si l'on en excepte les Plongeons. Elles nagent et plongent avec une égale facilité ; elles habitent les eaux douces, les golfes et les baies, mais ne fréquentent point les hautes mers.

Leur nourriture consiste en insectes, en végétaux aquatiques, en petits poissons et en sangsues. Il est très rare de les voir à terre ; elles y paraissent si dépaysées, que souvent elles se laissent prendre à la main. Elles se tiennent tout le jour sur les étangs qu'elles préfèrent aux rivières ; et ce n'est guère que pour passer d'un étang à un autre qu'elles prennent pied à terre ; et encore faut-il que la traversée ne soit pas longue ; car, pour peu qu'il y ait de distance, elles prennent leur vol, en le portant fort haut ; mais ordinairement leurs voyages ne se font que la nuit.

On en compte treize à quinze espèces réparties en Europe, en Asie, en Afrique et en Océanie, sur lesquelles Buffon, Linné et Gmelin n'en ont connues que quatre, et dont deux appartiennent réellement à la faune européenne.

GROUPE GÉNÉRIQUE UNIQUE

FOULQUE, *FULICA* (Linn.).

Bec plus court que la tête, plus haut que large, légèrement convexe en dessus et en dessous, comprimé sur les côtés, à mandibule supérieure dépassant à peine l'inférieure, et se dilatant en une plaque membraneuse, unie et lisse, garnissant le front et occupant la moitié de la tête, où elle fait saillie à son sommet; narines latérales, médianes, longitudinales, à moitié fermées par une membrane, percées de part en part; ailes médiocres, concaves, amples, à deuxième rémige la plus longue, munies ou armées d'un piquant sous leur fouet (ce que les auteurs, à commencer par Temminck, n'ont pas assez remarqué); queue courte, arrondie; jambes nues en partie au-dessus du genou; tarses épais, assez robustes, de la longueur du doigt médian; doigts libres, mais bordés tout autour de larges festons membraneux; pouce articulé en dedans du tarse, assez haut, court, à petit rebord membraneux et portant à terre; ongles très minces, effilés et légèrement courbés.

Une seule espèce.

PL. 40. — FOULQUE NOIRE ou MACROULE.

Fulica atra (Linn.).

Mâle adulte, en été : en dessus, noir, profond sur la tête et le cou, couleur d'ardoise sur le dos, les ailes et la queue, sauf un trait d'un blanc pur au pli des ailes; en dessous, d'un cendré bleuâtre. Plaque frontale d'un blanc pur; bec d'un blanc légèrement teint de couleur rose; iris cramoisi; pieds cendrés, teints de verdâtre, mais d'un jaune et d'un rouge verdâtres au-dessus du genou. Taille variant de trente-cinq à quarante-cinq centimètres.

Habite toute l'Europe, l'Asie jusqu'au Japon, et l'Afrique.

Niche et se reproduit partout ; établit son nid dans des endroits noyés et couverts de roseaux secs ; en choisit une touffe sur laquelle elle en entasse d'autres, et ce tas élevé au-dessus de l'eau est garni dans son creux de petites herbes sèches et de sommités de roseaux ; ce qui forme un gros et large nid qui se voit de loin. Pond de dix-huit à vingt œufs et, la première couvée perdue, en fait souvent une seconde de dix à douze. Ces œufs, de forme ovée allongée, sont couleur de café au lait, ou claire, ou foncée tournant au brun rosé ; couverts de nombreux petits points entremêlés de quelques taches plus larges, d'un brun pourpre ou noirâtre ; ils mesurent cinq centimètres et demi sur trois et demi à quatre.

La Foulque s'accommode fort bien de la captivité.

PL. 40. — FOULQUE A CRÊTE.

Fulica cristata (Gmelin).

Mâle adulte, au printemps : elle ne diffère de la Macroule que par sa plaque frontale, surmontée en arrière de deux tubercules membraneux plus ou moins développés, relevés en crête, divisés en lambeaux à la base du bec, et d'un rouge vif. Du reste entièrement d'un noir bleuâtre. Bec blanchâtre, teinté en dessus de bleuâtre, avec la base rouge clair ; iris rouge cramoisi ; pieds noirâtres. Taille : de quarante-trois à quarante-quatre centimètres.

C'est le type du groupe générique *Lupha*, du docteur Reichenbach.

Habite l'Europe méridionale et l'Afrique septentrionale ; en Europe, l'Espagne où, d'après M. Barthélemy de la Pommeraye, elle se trouve régulièrement chaque année sur le lac d'Albuféra (royaume de Valence), l'Italie, la Sicile et la Sardaigne ; en Afrique, les marais de Bône et d'Oran, en Algérie, et de Tanger, au Maroc, d'où nous avons fréquemment reçu ses œufs.

Niche comme la précédente ; pond de dix à douze œufs de même forme et de mêmes couleurs que la précédente, mais beaucoup plus foncés comme teintes brunâtre et rougeâtre ; ils mesurent six centimètres sur quatre.

2ᵉ FAMILLE

GALLINULINÉS ou POULES D'EAU proprement dites. — Gallinulinæ.

Quoique les apparences puissent faire confondre les Poules d'eau avec les Foulques, elles en diffèrent sous plus d'un rapport, et par les caractères et par les habitudes.

On en compte dix-huit à vingt espèces, qui se trouvent dans toutes les parties du monde, dont quatre seulement ont été connues de Buffon, de Linné et de Gmelin, et que l'on a divisées en sept groupes : Gallinules, ou Poules d'eau proprement dites ; Gallicrexs, Amaurornis, Erythrées, Limnocoraxs, Canirales et Porphyriops ; le premier seul de ces groupes est représenté en Europe.

GROUPE GÉNÉRIQUE UNIQUE
POULE D'EAU, *GALLINULA* (Briss.).

Bec de la longueur de la tête, de la même forme que celui de la Foulque, à plaque frontale lisse, aplatie et sans relief au sommet; narines basales, en fentes; ailes médiocres, concaves; les deuxième, troisième et quatrième rémiges presque égales, les plus longues, et munies d'un piquant ou aiguillon au-dessous du poignet; queue courte, arrondie, à pennes larges et résistantes; jambes nues; tarses épais, plus courts d'un tiers que le doigt médian, squammulés en devant, réticulés en arrière; doigts très longs, libres et bordés d'un mince bourrelet membraneux; pouce allongé et portant presque entièrement à terre; ongles courts, minces et un peu crochus.

Corps très comprimé et latéralement aplati dans toute sa longueur. .

Une seule espèce pour l'Europe.

PL. 41. — POULE D'EAU ORDINAIRE ou D'EUROPE.
Gallinula chloropus (Lath., *ex* Linn.).

Mâle adulte, au printemps : en dessus, d'un brun olivâtre foncé; en dessous, tête, gorge et cou d'un bleu ardoisé noirâtre très brillant; bord extérieur de l'aile, grandes taches sur les flancs, et les couvertures inférieures de la queue d'un blanc pur, quelques-unes noires. Bec rouge vif à la base, jaune à la pointe; plaque frontale et iris rouge vif; bas des jambes d'un beau rouge; pieds d'un jaune verdâtre. Taille d'environ trente-cinq centimètres.

Habite l'Europe, où elle est répandue partout, l'Asie et

l'Afrique ; très abondante en France, en Allemagne, dans tous les marais de la Hollande et en Italie.

Niche comme la Foulque.

La Poule d'eau d'Europe peut facilement s'apprivoiser, surtout en la prenant jeune.

3° FAMILLE

PORPHYRIONINÉS ou PORPHYRIONS, ou TALÈVES. — Porphyrioninæ.

Les Porphyrioninés, ainsi que l'exprime Temminck, vivent à peu près comme les Poules d'eau ; comme elles, ils ont les eaux douces pour demeure ; mais les marais et les immenses rizières du Midi leur servent également d'asile et de retraite. Plus enclins, par leurs appétits, à donner la préférence aux substances céréales qu'aux herbes des plantes aquatiques, ils fréquentent encore plus la terre que les Poules d'eau ; et s'ils y courent avec vitesse et légèreté, ainsi que sur les plantes qui croissent dans les eaux, ils n'en nagent pas moins avec élégance. Ils se distinguent de celles-ci par un corps moins svelte et moins comprimé ; par un formidable bec composé d'une substance très dure, et presque sans fosse nasale recouverte de membranes, qui leur sert d'instrument pour casser l'enveloppe des graines, et rompre les tiges les plus résistantes ; ils s'en distinguent encore par leurs pieds pourvus de doigts très longs, facilement rétractiles, et d'ongles qui se replient aussi avec quelque facilité, ce qui leur donne le pouvoir de préhension nécessaire pour saisir et porter leurs aliments au bec d'une patte en se tenant sur l'autre.

On les a divisés en Porphyrions, Césarornis, Hydrionies et Porphyrules, composés de quatorze espèces, dont trois connues de Buffon, Linné et Gmelin, et toutes habitant les latitudes chaudes de l'ancien et du nouveau continent.

Nous ne nous occuperons que du premier groupe seul, représenté en Europe.

GROUPE GÉNÉRIQUE UNIQUE

PORPHYRION, *PORPHYRIO* (Barrère).

Bec trois fois plus haut que large, plus court que la tête, comprimé, à mandidule supérieure convexe, dépassant l'inférieure, qui se relève en dessous jusqu'à la pointe, et surmontée d'une plaque frontale s'épanouissant sur la tête et y formant relief; narines basales, ovalaires, presque rondes,. percées obliquement; ailes subaiguës, à première rémige la plus courte, les trois suivantes égales, les plus longues; queue courte, arrondie et presque cunéiforme; jambes nues; tarses épais, courts, de presque moitié moins longs que le doigt médian, largement squamulés en devant, réticulés en arrière; doigts très longs, ainsi que le pouce qui touche presque entièrement à terre, le médian uni à l'externe par un rudiment de membrane; ongles faibles, minces, un peu recourbés et pointus.

Sur neuf espèces que renferme le groupe une seule est d'Europe.

PL. 42. — PORPHYRION BLEU ou POULE SULTANE.

Porphyrio veterum (Bonap., *ex* Gmel.).

Mâle adulte : en entier d'une belle couleur bleue : turquoise sur les joues, tout le devant et les côtés du cou; d'indigo très foncé à l'occiput, à la nuque, aux cuisses et à l'abdomen ; d'indigo éclatant sur la poitrine, le dos, les couvertures et les grandes pennes des ailes, ainsi que celles de la queue, dont les couvertures inférieures sont d'un blanc pur. Bec et plaque frontale d'un rouge vif ; iris couleur de la queue; pieds et doigts d'une couleur de chair rougeâtre. Taille variant de quarante à cinquante centimètres.

Habite l'Europe et l'Afrique; en grand nombre sur les bords des lacs et des champs inondés de la Sicile, de la Calabre, dans les îles Ioniennes, dans tout l'Archipel et le Levant; un plus petit nombre en Dalmatie et dans les provinces méridionales de la Hongrie; plus rare en Sardaigne; de passage accidentel en France et en Italie.

Niche soit sur la terre sans construire de nid, soit dans l'épaisseur des herbes, au milieu ou à proximité des marais; pond de deux à six œufs d'un jaune ocracé, pâle et un peu rosé, clairsemé de larges et petites taches d'un rouge brunâtre se fondant dans la teinte du fond sur leurs bords, et d'autres larges et petites taches d'un gris violacé; ils mesurent cinq centimètres sur trois et demi.

Aimant la solitude et d'un naturel doux et timide, la Poule sultane offrirait toutes les facilités possibles aux expériences de la domestication.

1ʳᵉ FAMILLE

RALLINÉS ou RALES proprement dits. — Rallinæ.

Les Rallinés ou Rales, les plus petits de la tribu, sont reconnaissables à l'absence de toute plaque frontale, à leur tête petite et à leur sternum étroit, qui fait que le corps est très aplati sur les flancs. Tous courent plus qu'ils ne volent, et échappent également à la poursuite de leurs ennemis, en traversant à la nage des espaces d'eau peu larges. Leur nourriture consiste en vers, insectes mous, limaçons, végétaux et leurs semences.

Les Rallinés forment une assez grande famille, puisqu'on en compte plus de quatre-vingt-dix espèces, dont vingt-quatre connues de Buffon, Linné et Gmelin. On les a divisés en près de vingt groupes : Coréthures, Micropiges, Coturniceps, Ortygomètres, Crexs pour le Râle de genêt. Zapornies, Porzanes ou

Marouettes, Mustélirales, Latérirales, Euryzones, Rufirales, Rougéties, Hypotonidies, Pardirales, Lewinies, Bienses, Râles proprement dits, Aramides, et Aramens ou Courlans.

Nous n'y reconnaissons qu'un seul groupe, celui des Râles.

GROUPE GÉNÉRIQUE UNIQUE

RALE, *RALLUS* (Linn.).

Bec un peu plus long ou plus court que la tête, faiblement infléchi, aussi haut que large, épais à la base, qui s'élève parfois à la hauteur du front, à mandibule supérieure ou lisse ou sillonnée; narines latérales, longitudinalement fendues dans le sillon, à moitié fermées par une membrane, percées de part en part; ailes médiocres, arrondies ou surobtuses, la première rémige toujours de beaucoup la plus courte, les deuxième, troisième et quelquefois la quatrième égales, les plus longues, tantôt égales à la queue, tantôt la dépassant; celle-ci généralement courte et arrondie : jambes nues; tarses ou un peu plus longs ou un peu plus courts que le doigt médian qui est ou libre, ou soudé à l'externe par un faible repli membraneux, squamulés sur le devant et sur une partie de la face postérieure; le pouce articulé sur le tarse et touchant à terre; ongles courts, faibles, parfois un peu crochus.

Ce qu'il y a de remarquable, quant à la faune européenne, c'est que sur les seize espèces bien connues de Rales proprement dits, l'Europe n'en possède qu'une seule représentant ce type, et que chacune des sept espèces de la famille qui lui sont propres fait partie d'un groupe distinct. C'est une voie si compliquée, que nous préférons, pour plus de simplicité, nous en tenir au groupe linnéen.

PL. 43. — RALE DES GENÈTS ou DES PRÉS.

Rallus crex (Linn.).

Mâle adulte : en dessus, depuis la tête dont les sourcils et les joues sont d'un cendré bleuâtre, jusqu'aux sus-caudales, d'un brun noirâtre, chaque plume bordée d'un cendré légèrement lavé de roussâtre ; en dessous, gorge et milieu de l'abdomen d'un blanc gris ; devant, côtés du cou et poitrine d'un cendré roussâtre ; flancs et sous-caudales barrés de brun, de roussâtre et de blanchâtre ; couvertures supérieures des ailes d'un beau rouge de rouille ; rémiges d'un cendré roussâtre, avec le rebord externe de la première blanc ; rectrices d'un noir brillant, bordées et terminées de cendré roussâtre. Bec brun roussâtre en dessus, blanchâtre en dessous ; iris brun clair ; bords libres des paupières couleur de chair ; pieds brun rougeâtre. Taille : vingt-cinq à vingt-six centimètres.

C'est le type du groupe générique *Crex*, de Bechstein.

Habite l'Europe et l'Afrique septentrionale ; commun en Norwège, en Islande, en Écosse, en Suisse, dans la Sibérie méridionale et en France.

Niche dans les pays qu'il habite : dans les champs, dans les blés les plus voisins de l'eau et des marais, dans les prairies humides, au milieu des grandes herbes ; le nid se borne à un petit creux garni de mousses et d'herbes plus ou moins sèches ; pond de huit à douze œufs d'un blanc plus ou moins jaunâtre, verdâtre ou brunâtre, parsemés de taches et points rougeâtres ou couleur de rouille et d'autres d'un gris vineux ; ils mesurent trois centimètres et demi sur deux et demi.

PL. 43. — RALE MAROUETTE.

Rallus porzana (Linné).

Mâle adulte : en dessus, front, sourcils et gorge d'un gris de plomb ; côtés de la tête de cendré marqué de noir ; parties supérieures d'un brun olivâtre, chaque plume noire au centre, et variée de petites taches et de traits déliés d'un blanc pur ; en dessous, d'un olivâtre nuancé de cendré, et marqué de taches blanches, de forme arrondie sur la poitrine, et en bandes transversales sur les flancs ; rémiges brunes, la première bordée de blanc, et les autres d'olivâtre ; rectrices bordées d'olivâtre, avec quelques taches blanches sur les bords des médianes. Tache noire au menton remontant jusqu'aux yeux. Bec rouge à la base, verdâtre dans le reste ; iris brun rougeâtre ; pieds jaune verdâtre. Taille d'environ vingt centimètres.

C'est le type du groupe générique *Porzana*, de Vieillot.

Habite l'Europe, l'Asie et l'Afrique ; rare en Allemagne et en Hollande ; très commun en Savoie, en Sicile, et dans le midi de la Russie.

Niche et construit son nid de débris de joncs, de mousses, de feuilles de roseaux et d'herbes marécageuses, entassés grossièrement dans une petite fosse, soit sur une motte de gazon, à l'abri d'une plante, soit au milieu d'une touffe de carexs qu'entoure souvent l'eau ; aussi, dans ce dernier cas, arrive-t-il que quand l'eau s'accroît ou s'élève subitement, plusieurs couvées périssent. La perte, par moment, doit être considérable, si l'on en juge par les nombreux œufs qu'on trouve épars dans les marais, lorsque les eaux viennent à baisser. Il est vrai que c'est une des espèces de Rales les plus fécondes, chaque nid renfermant de huit à seize ou dix-huit œufs.

Les œufs sont d'un blanc de crème plus ou moins jaunâtre, clairsemés de taches rougeâtres et d'autres grises entremêlées de petits points de couleurs semblables ; ils ont le plus grand air de famille avec les œufs du Rale de genêt, et mesurent de trois à trois et demi centimètres sur deux.

PL. 44. — RALE POUSSIN.

Rallus minutus (Pallas).

Mâle adulte : en dessus, d'un olivâtre cendré, chaque plume noirâtre dans le milieu; haut du dos noir varié de quelques traits blancs; couvertures des ailes d'un roux olivâtre; rémiges brunes, la première bordée de blanc; rectrices brunes, bordées de rouge olivâtre; en dessous, gorge, sourcils, côtes du cou, poitrine et ventre gris bleuâtre; abdomen et flancs barrés de blanc et de brun; couvertures inférieures de la queue noires, rayées de blanc. Bec d'un beau vert, rougeâtre à la base; iris rouge; pieds gris verdâtre. Taille : dix-huit à dix-neuf centimètres.

C'est le type du groupe générique *Zapornia*, de Leach.

Habite l'Europe, l'Asie et l'Afrique ; assez commun en Allemagne ; de passage régulier dans l'ouest et le midi de la France ; très commun en Savoie et en Italie, dans les rizières; accidentellement en Hollande.

Niche dans les joncs et les roseaux, sur quelques débris de feuilles ou de tiges de plantes marécageuses entrelacées sans art, à quelque élévation au-dessus de l'eau; pond de sept à huit œufs d'un fond brun clair, grivelés uniformément de brun plus foncé ; parfois d'un fond olivâtre très clair avec quelques taches nébuleuses d'un gris verdâtre ; ils mesurent trois centimètres sur deux environ.

Ce Rale a les mœurs et les habitudes de la Marouette.

PL. 44. — RÂLE DE BAILLON.

Rallus Baillonii (Vieillot).

Mâle adulte : en dessus, d'un roux olivâtre, varié de stries sur le sommet de la tête, et sur le dos et les couvertures des ailes de nombreuses taches blanches encadrées d'un noir intense ; rémiges d'un brun roussâtre, la première seule bordée de blanc à son bord externe; rectrices brunes; en dessous, gorge, sourcils, côtés du cou, poitrine et ventre d'un gris bleuâtre, nuancé sur les côtés du corps d'une multitude de taches blanches; flancs, abdomen et couvertures inférieures de la queue barrés de larges bandes d'un noir profond, alternant avec d'autres bandes plus étroites d'un blanc pur. Bec d'un vert très foncé; iris rougeâtre; pieds couleur de chair.

Habite l'Europe, l'Asie et l'Afrique; commun partout en France, en Savoie et en Italie.

Niche au milieu des longues herbes des marécages et des bords des étangs, sur quelques brins d'herbes et de mousses, ou sur quelques débris de feuilles de carex, et constamment près de l'eau; pond de huit à dix œufs, presque semblables à ceux du Rale-Poussin, et ne s'en distinguant que par leurs dimensions plus petites; ne mesurent guère que deux centimètres et demi sur deux.

PL. 45. — RALE D'EAU.

Rallus aquaticus (Linné).

Mâle adulte : en dessus, d'un roux olivâtre, chaque plume flammée de taches noires; rémiges et rectrices brunâtres; en dessous, joues, devant et côtés du cou, poitrine, haut de l'abdomen d'un cendré couleur de plomb; bas-ventre roussâtre; flancs d'un noir profond, traversé de bandes blanches; sous-caudales en partie d'un blanc pur, en partie rousses et noires. Bec rouge nuancé de brun à l'arête supérieure et à la pointe; iris rouge; pieds brun rougeâtre. Taille d'environ vingt-sept centimètres.

C'est le type conservé du groupe générique *Rallus*, de Linné.

Habite l'Europe, l'Asie et l'Afrique; de passage ou sédentaire suivant les localités; très abondant en Allemagne, en Hollande et en France.

Niche dans les lieux les plus fourrés des bords des eaux douces ou des marais, soit sur une motte, soit au milieu d'une touffe de joncs ou de roseaux; pond de cinq à six œufs plus pâles

que ceux du Râle de genêt, d'un blanc de crême plus ou moins
jaunâtre, ponctué finement de points d'un brun rose ou rougeâtre
et clairsemé d'autres petits points d'un gris violacé ; ils mesurent
près de quatre centimètres sur deux et demi.

Le Râle d'eau court le long des eaux stagnantes aussi vite que
le Râle de genêt dans les prés et les bruyères ; il se tient de
même toujours caché dans les grandes herbes et les joncs ; il n'en
sort que pour traverser les eaux à la nage et même à la course.

5ᵉ TRIBU

GRALLES OU ÉCHASSIERS COUREURS

GRALLIDÆ.

Les oiseaux de cette tribu appartenant, pour la presque totalité, aux terres chaudes de l'Afrique, de l'Amérique et de l'Océanie, peuvent être considérés comme absolument étrangers à l'Europe. On en jugera par l'indication des familles qu'elle renferme :

 1° PALAMEDEINÉS (*Kamichis* ou *Chavarias*) ;
 2° CHIONINÉS (*Chionis*) ;
 3° CURSORIINÉS (*Court-vite*) ;
 4° TURNICINÉS (*Turnixs*) ;
 5° TINAMINÉS (*Tinamous*) ;
 6° OTIDINÉS (*Outardes*) ;
 7° SARIAMINÉS (*Sariamas*) ;
 8° CASUARINÉS (*Casoars*).

Huit familles, dont deux seules, la quatrième et la sixième, dont nous allons nous occuper, sont représentées en Europe.

Autant, en effet, cette tribu apparaît sinon tout à fait naturelle, du moins parfaitement logique, dans la série, autant elle semble isolée et sans lien dans le système de la faune européenne.

Marécages, prairies humides, et même terres sablonneuses, tels sont les milieux dans lesquels s'agitent ces familles, dont la première et la dernière sont les plus remarquables ; la première surtout qui a inspiré à Buffon une de ses plus belles pages, que les efforts et le talent de Michelet n'ont jamais réussi à égaler.

1re FAMILLE

TURNICINÉS ou TURNIXS. — Turnicinæ.

Les Turnicinés, remarquables par leur petitesse, tiennent de trop près aux Otidinés ou Outardes qui vont les suivre pour en être séparés, surtout lorsqu'on considère qu'ils sont reliés à celles-ci dans le système par les Tinaminés ou Tinamous ; et c'est par erreur que, se fondant sur leur humeur belliqueuse, plus factice que réelle, ils ont été, d'un commun accord, rangés par tous les auteurs, parmi les Gallinacés, comme un démembrement de la famille des Perdrix. Cette opinion, ainsi que l'exprimait le docteur Lherminier en 1836, serait probablement abandonnée depuis longtemps, si l'on avait tenu plus compte des données anatomiques.

Il est sans doute peu de familles ornithologiques, selon le même savant, aussi nettement caractérisées que celle des Gallinacés vrais, sous le double rapport du système locomoteur et de l'appareil digestif. En effet, voués, comme nous le verrons, à un vol court et à un régime végétal, ils offrent tous un sternum fortement entaillé par quatre grandes échancrures, et un jabot globuleux et intra-claviculaire.

Mais les différences sont bien plus grandes dans le type Turnix, puisque le sternum n'a que deux échancrures, et que l'intestin est complètement dépourvu de jabot.

Les Turnicinés fréquentent indistinctement les terrains sablonneux et les landes stériles, ainsi que les hautes herbes et les broussailles ; vivent d'insectes et de semences, et ont une grande partie des habitudes des Pluviers ; courant plus qu'ils ne volent, et avec une vitesse surprenante.

On les a divisés en Turnixs, Pédionomes et Ortyxèles, selon le plus ou moins de développement de leur bec, et l'absence ou la présence du pouce.

Ils ne forment pour nous qu'un seul groupe générique.

GROUPE GÉNÉRIQUE UNIQUE

TURNIX, *TURNIX* (Bonnat).

Bec de la longueur de la tête, ou fort et assez gros, ou médiocre et subulé à la pointe, ou grêle, droit dans la plus grande partie de sa longueur, très comprimé et légèrement infléchi à la pointe de la mandibule supérieure qui dépasse un peu l'inférieure; narines basales ou arrondies, ou percées en fente, recouvertes d'une membrane; ailes médiocres, concaves, la première rémige dépassant de très peu les autres; queue courte, arrondie, à rectrices plus ou moins fermes, en partie cachées par les couvertures supérieures; jambes en partie nues; tarses un peu plus longs que le doigt médian, squamulés, plus ou moins épais; trois doigts divisés, tantôt exceptionnellement avec pouce, tantôt et le plus généralement celui-ci nul; ongles courts et faibles.

Une seule espèce propre à l'Europe.

PL. 46. — TURNIX TACHYDROME.

Turnix sylvaticus (Bonaparte, *ex* Desfontaines).

Mâle adulte : en dessus, noirâtre, avec des raies et des zigzags noirs et roux, chaque plume encadrée d'une étroite bande blanche; sommet de la tête brun noirâtre marqué de trois bandes longitudinales d'un jaune roussâtre; couvertures des ailes jaunâtres avec une tache noire à l'extérieur et une rousse à l'intérieur; rémiges brun cendré bordées de blanc en dessous, gorge blanche; devant du cou et poitrine roux pur, chaque plume noire au centre est bordée de blanc roussâtre; flancs roux ainsi que l'abdomen ; bec et pieds couleur de chair jaunâtre. Taille : quinze à seize centimètres.

Habite le midi de l'Europe et le nord de l'Afrique, son lieu d'origine, particulièrement l'Algérie ; commune en Espagne, dans l'Andalousie et l'Aragon, également commune en Sicile où elle réside.

Niche dans les herbes, les taillis et les dunes ; pond de huit à dix œufs de forme ovée un peu obtuse ; à teste mince, à pores serrés ; à coquille blanche intérieurement et sans aucun reflet, d'un blanc sale ou fauve clair, parsemé plus ou moins finement de nombreux points d'un noir brunâtre entremêlés de mouchetures grises ; ils mesurent environ deux centimètres et demi à trois sur deux et un quart.

D'après Biberon et Cantraine, on trouve assez souvent cette espèce dans les mêmes lieux que les Francolins et aussi dans les dunes ; elle est très véloce à la course et met souvent les chasseurs en défaut.

La principale nourriture du Turnix tachydrôme, du moins pendant une partie de l'année, consiste en insectes de la famille des Formicidés et en graines de légumineuses.

La place des Turnixs, dans l'ordre des Gralles ou Échassiers, nous paraît donc définitivement fixée.

2ᵉ FAMILLE

OTIDINÉS ou OUTARDES. — Otidinæ.

Pour cette famille, entre les Échassiers ou Gralles et les Gallinacés, le doute, sur la place à lui donner, était encore moins possible. Leurs rapports avec ces derniers sont, en effet, plus apparents que réels, ainsi que l'a démontré G. Cuvier ; par la nudité du bas de leurs jambes, par leur anatomie, par le goût de leur chair, ce sont de véritables Échassiers. Ces oiseaux ont le port massif, un cou et des pieds assez longs, terminés par trois doigts courts, épais et sans pouce, des ailes amples et mousses ; ils se distinguent encore par des yeux grands, un plumage plus ou moins vermiculés sur le dos, et quelquefois par des ornements soit à la tête, soit sur une partie du cou, soit à la poitrine.

On en compte près de vingt-cinq espèces, toutes des parties tempérées et chaudes de l'Europe, de l'Asie, de l'Afrique et de la Nouvelle-Hollande, dont quatre seules ont été connues de Buffon, de Linné et de Gmelin. Beaucoup atteignent jusqu'à un mètre de taille et au-dessus. Les unes fréquentent de préférence les plaines désertes, arides et sablonneuses ; les autres les lieux humides et les prairies. Elles se nourrissent d'insectes et de végétaux, sont polygames, et dans leurs pérégrinations voyagent plutôt de nuit que de jour. Elles courent plus volontiers qu'elles ne volent, et quand elles sont poursuivies on les voit raser la terre d'un vol rapide et soutenu.

On les a fractionnées en plusieurs groupes, et tenant plus compte des ornements que de caractères véritablement génériques (sauf pour l'une d'elles dont le bec est beaucoup plus long que la tête, c'est le type *Eupodotis*), tels que Outardes proprement dites; Tétraxs ou Cannepétières, Trachélotis, Lophotis, Camatotis, Syphéotis, Lissotis, Hubara, Eupodotis et Choriotis.

Le type le mieux connu est celui des Outardes proprement dites, le seul que nous adoptions.

GROUPE GÉNÉRIQUE UNIQUE
OUTARDE, *OTIS* (Linn.).

Bec plus court que la tête, aussi haut que large, incliné à partir de la base, mais sans être ni bombé ni crochu, la mandibule supérieure dépassant seulement l'inférieure ; narines basales largement operculées ; ailes amples, concaves, la première rémige la plus courte, les trois suivantes égales, les plus longues couvrant une partie de la queue ; celle-ci médiocre, large, arrondie ; jambes nues ; tarses presque du double plus longs que le doigt médian, réticulés sur toutes leurs faces ; doigts courts, épais, réunis à leur base et bordés sur les côtés par une étroite membrane rugueuse ; pouce nul ; ongles forts, très courts et obtus.

Base de la mandibule inférieure garnie d'un faisceau de longues plumes minces et décomposées, ainsi que d'un fanon de petites plumes occupant le milieu du menton ; et le front surmonté d'un autre faisceau de petites plumes serrées, réunies en forme de bourrelet, et se continuant sur la ligne médiane du crâne jusqu'au sommet de la tête.

Deux seules espèces d'Europe.

PL. 47. — OUTARDE BARBUE.
Otis tarda (Linn.).

Mâle adulte, en été : en dessus, d'un roux jaunâtre rayé de noir profond ; sommet de la tête cendré foncé, avec une bande médiane longitudinale brun roux ; bords de l'aile cendrés ; rectrices blanches, coupées de deux bandes noires ; en dessous, cou d'un blanc lustré, poitrine avec un large plastron roux foncé écaillé de noir ; abdomen d'un blanc grisâtre ; flancs portant les mêmes écaillures que la poitrine. Bec bleuâtre ; iris jaune orangé ; tarses gris de plomb. Les longues plumes de la barbe d'un blanc grisâtre. Taille d'un mètre à un mètre et dix centimètres.

Habite l'Europe, en Suède, en Allemagne, en France, en Espagne, en Italie, en Bulgarie, dans la Russie méridionale et l'Afrique septentrionale, au Maroc.

Niche et se reproduit dans toutes ces localités, au milieu des blés, des seigles, des sarrasins et des steppes ; pratique une cavité en grattant le sol pour y faire une aire de deux ou trois mètres, et y dépose de deux à quatre œufs de forme ovalaire ou ovée, à coquille un peu luisante d'un brun clair olivâtre, clairsemé de taches irrégulières nuageuses d'un roux sale et d'un brun foncé ; parfois de couleur vert d'eau avec quelques taches rares brunes et d'autres cendrées ; rarement d'un vert bleuâtre sans taches ; variété curieuse qu'au rapport de Gerbe, possède M. Baldamus ; ils mesurent de six à huit centimètres sur cinq ou six.

L'Outarde barbue qu'on voyait autrefois, par troupes de cinquante à soixante individus, dans les plaines de la Grande-Bretagne, surtout en automne, y est à peine connue aujourd'hui ; et sa capture, dit le docteur Franklin, devient un événement ornithologique. Ces nobles créatures continuent pourtant à se reproduire dans les parties ouvertes du Norfolk et du Suffolk.

Il en est de même en France où elles arrivaient jadis en nombre si considérable, surtout aux environs de Châlons-sur-Marne, que le docteur Dorin ne craint pas d'affirmer qu'on les voyait par milliers dans certains cantons. De nos jours, elles y sont beaucoup plus rares, et on ne les trouve plus, à l'état sédentaire, que sur quelques points de la Champagne.

Mais l'espèce, au rapport de lord Lilfort, était encore commune, vers 1866, en Espagne, dans les localités convenables ; et on lui apporta plusieurs œufs des environs de Madrid en 1865.

Quelques particularités d'organisation dans l'Outarde barbue méritent d'être signalées, ne serait-ce qu'à cause de leur existence chez d'autres espèces de la même famille, qui tendrait à en faire comme un caractère propre à la généralité des Outardes.

D'une part, on a parlé d'une certaine poche, trouvée sous le bec de l'oiseau, et dont il est plus facile de constater l'existence que de déterminer l'usage. Sous la langue, en effet, se présente l'orifice d'une espèce de poche, tenant environ sept pintes anglaises, et que le docteur Douglas, qui l'a découverte le premier ainsi que le rappelle Buffon, a regardée comme un réservoir que l'Outarde remplit d'eau pour s'en servir au besoin, lorsqu'elle se trouve au milieu des plaines vastes et arides où elle se tient de préférence, et où l'eau est peu commune. Mais cet appareil, selon quelques naturalistes, n'appartiendrait qu'au mâle; d'où il résulte que la supposition pourrait bien être erronée, à moins que le mâle ne dégorge l'eau du réservoir dans le bec de la femelle, quand cette dernière se trouve confinée au nid.

D'autre part, on a dit aussi, et non sans vraisemblance, comme on le verra, que cette poche servait à l'Outarde, ou du moins au mâle de l'Outarde, de moyen de défense contre les oiseaux de proie. Attaqué, il jetterait, dit-on, l'eau avec tant de violence à la face de son ennemi, qu'il déconcerterait l'agresseur.

Tout dernièrement on a soutenu avec autant de raison que la femelle était pourvue de la même poche.

Enfin, d'après les plus récentes communications du docteur Cullen, concernant les observations par lui faites, toutes en Bulgarie, de 1864 à 1865, l'ensemble des faits parvenus à sa connaissance personnelle tendrait à favoriser l'opinion que cette poche est destinée à contenir de l'air.

Plus d'un naturaliste, à commencer par Buffon, a déclaré que l'Outarde barbue n'était pas susceptible de domestication. Rien n'est moins exact.

M. Nordmann rapporte qu'on en voit de privées, et vivant en bonne intelligence avec les oiseaux de basse-cour dans les fermes et les demeures rustiques dispersées au milieu des steppes de la Russie méridionale, où elles vivent un certain nombre d'années.

PL. 48. — OUTARDE CANNEPETIÈRE.

Otis tetrax (Linné).

Mâle adulte : en dessus, du sommet de la tête jusqu'au croupion, d'un jaunâtre clair, chaque plume festonnée de zigzags noirâtres, avec de grandes taches ovalaires noires sur le dos ; moitié extérieure des rémiges blanche ; rectrices blanches dans leur premier tiers, coupées par une barre brune ; en dessous, côtés de la tête et devant du cou d'un cendré foncé, encadrés par un collier d'un noir pur, que rehausse une espèce de collerette d'un noir profond, suivis d'un plastron blanc bordé d'une autre bande noire ; le reste du corps d'un blanc pur. Bec et pieds gris ; iris jaune. Longueur totale : quarante-cinq centimètres.

C'est le type du groupe générique *Tetrax*, de Leach.

Habite les contrées chaudes et tempérées de l'Europe, et le nord de l'Afrique. Se trouve en France, en Espagne, en Italie, en Sicile, en Sardaigne, dans les steppes arides du midi de la Russie, où elle est très commune, et en Turquie ; accidentellement en Angleterre, en Belgique et en Hollande ; rare en Suisse et en Allemagne.

Niche et se reproduit à peu près partout, et en France notamment sur un grand nombre de points, tels que la Champagne, la Sologne, la Vendée et la Beauce. Pratique sur la terre une excavation en forme de coupe de quatre à cinq centimètres de profondeur sur vingt de diamètre, dont le fond est garni d'une couche de brins d'herbes vertes. Pond de trois à cinq œufs, ou d'un brun olivâtre clair, ou le plus souvent d'un beau vert olive, maculés de taches brunâtres nuageuses, parfois sans aucune tache ; ils mesurent de cinq à cinq et demi centimètres sur trois et demi à quatre ; leur coquille est assez luisante.

Le moment de la reproduction est aussi, comme chez l'Outarde barbue, celui de fréquents combats entre les mâles pour le choix ou la possession des femelles.

L'Outarde Cannepetière, ou Petite Outarde d'Europe, est

beaucoup plus commune que l'Outarde barbue, en France. Elle est tout autant que celle-ci, si ce n'est plus, rusée et soupçonneuse, au point, observent Buffon et Montbelliard, que cela a passé en proverbe, et que l'on dit des personnes qui montrent ce caractère qu'elles font la Cannepetière.

FIN DES OISEAUX DE RIVAGE.

LES OISEAUX DE TERRE

OU COUREURS

LES OISEAUX DE TERRE

OU COUREURS

GALLINACÉS, *GALLINACÆ*

CONSIDÉRATIONS GÉNÉRALES

Par les détails qui précèdent, on voit que, depuis notre point de départ, nous avons fait bien du chemin dans les degrés de répartition des terres et des eaux : chaque chose a sa place; l'homme lui-même a pris la sienne; et les oiseaux multiplient d'autant plus sur les continents que, de simples auxiliaires, ils lui deviennent un élément nécessaire dans le régime de son alimentation. Nous serions même tenté de croire que la phase de cette multiplication du type ornithologique est l'indice certain, sinon de l'apparition simultanée ou contemporaine de l'homme, du moins de son apparition prochaine.

Tel est le but de l'avènement de l'ordre des Coureurs et des Gallinacés.

Ces oiseaux ont, en général, les ailes courtes et concaves, ce qui leur donne un vol pesant, embarrassé et de peu d'étendue.

On retrouve chez la plupart d'entre eux, comme dans les ordres précédents, des expansions charnues se développant soit à la tête, soit à la face, soit au cou, qui souvent est dénudé, soit à la poitrine. Ces expansions ne sont pas inertes, ainsi que nous l'avons déjà expliqué avec Carus ; elles reçoivent de nombreux vaisseaux sanguins et des filets nerveux, sont érectiles, se gonflent, se colorent, ou s'affaissent et pâlissent sous l'influence des émotions ou des impressions des oiseaux. En général, et dans l'ordre qui nous occupe plus spécialement, les mâles seuls sont pourvus de ces appendices.

Mais ce que nous observerons chez eux, pour la première fois, et ce qui leur est particulier, c'est un ongle placé à la jambe et plus spécialement désigné sous le nom d'ergot. Dans les espèces qui sont pourvues de cet organe, il est quelquefois difficile d'en reconnaître l'existence chez les femelles, où il est réduit communément à un simple tubercule, en sorte qu'on peut le considérer comme l'attribut exclusif des mâles. Il atteint souvent un très grand développement ; et comme il continue à croître pendant toute la durée de leur existence, il fournit parfois un moyen de reconnaître leur âge.

L'instinct dominant de tous les oiseaux de cet ordre, c'est la polygamie. Leurs habitudes communes sont d'être essentiellement marcheurs, et de faire des graines et des végétaux le fond le plus ordinaire de leur nourriture. Enfin, presque tous pondent et couvent leurs œufs à terre, ou sur quelques brins de pailles ou d'herbes grossièrement disposées.

Cet ordre, le moins considérable de tous, se divise en trois tribus :

1° Les Tétraonidés, ou Tétras ;
2° Les Perdicidés, ou Perdrix ;
3° et Les Gallinacéidés, ou Gallinaces.

1re TRIBU

TÉTRAONIDÉS ou TÉTRAS

TETRAONIDÆ.

Tous appartiennent exclusivement à l'hémisphère boréal de l'Europe et de l'Amérique. Mais l'Amérique du Nord, comme le dit Ch. Bonaparte, n'est surpassée par aucun pays pour la beauté, le nombre et les précieuses qualités de ses Tétras ou *Grouses;* peut-être même, à cet égard, est-elle supérieure à tous les autres, depuis la découverte du Tétras de plaine, appelé communément en Europe Coq de bruyère américain.

Tous ont les tarses emplumés comme les Rapaces nocturnes, parfois même les doigts jusqu'aux ongles, mais pour un usage tout particulier ; dans ce dernier cas, c'est pour les aider à se soutenir à la surface des neiges au milieu desquelles ils sont appelés à vivre ; car les unes fréquentent les plaines et les montagnes neigeuses, telles que celles du Spitzberg et de tout le pôle boréal ; les autres, les sables des déserts ; d'autres enfin, les bruyères, les bois et les forêts, sur les arbres desquels ils aiment à percher.

Ils comprennent trois familles : les Gangas, les Lagopèdes et les Tétras.

1re FAMILLE

PTÉROCLINÉS ou GANGAS.— Pteroclinæ (Ch. Bonap.).

Si nous ouvrons cette tribu par les Gangas, c'est qu'ils font le trait d'union des Outardes aux Tétras par un remarquable type asiatique se retrouvant aussi en Europe, le *Syrrhapte*, dont les pieds à trois doigts courts, sans vestige de pouce, avec leur plante si épaisse et si mamelonnée, les rapprochent singulièrement : caractères qui, joints à la longueur des deux rectrices et de la première rémige éminemment acuminées (cette dernière excédant les autres de près d'un tiers), lui ont fait donner le nom de *Paradoxal*. Il fait, d'un autre côté, le passage aux Gangas, dont il ne peut guère être séparé, par la vestiture de ses tarses et de ses doigts emplumés.

A part ce type, et malgré des différences notables dans leurs caractères extérieurs et quelques nuances dans leur structure ostéologique, les Gangas appartiennent forcément à la même tribu que les Tétras, auprès desquels nous les mettons, tout en formant une famille à part. Ils voyagent et vivent en troupes, ont le vol rapide, et fréquentent les sables des déserts et des rivages.

Les Ptéroclinés se distinguent par un caractère particulier, celui de la forme de leur œuf, laquelle, au lieu d'être ovée ou simplement elliptique, est presque généralement cylindrique, c'est-à-dire d'une ellipse à bouts obtus et arrondis; c'est même un des types des formes primordiales de l'œuf, que nous avons établies et figurées dans le temps (1). La coloration de l'œuf de cette famille se rapproche singulièrement au reste, sauf quelques exceptions, de celle de l'œuf du Tétras, surtout pour celle des deux espèces de Gangas du sud de l'Europe, qui est si commune en Algérie, le Ganga Cata.

(1) *Magasin de Zoologie*, 1842.

PREMIER GROUPE GÉNÉRIQUE

SYRRHAPTE, *SYRRHAPTES* (Illiger).—*TETRAO* (Pallas).

Bec beaucoup plus court que la tête, à peine de la longueur de l'espace qui sépare les narines de l'œil, convexe
en dessus comme en dessous, à arête arrondie; narines basales entièrement cachées dans les plumes du front; ailes
très allongées, pointues, suraiguës, c'est-à-dire à première
rémige beaucoup plus longue que les autres, et terminées
par un brin filiforme; queue conique formée de rectrices
pointues, les deux médianes terminées par deux brins minces
et allongés; tarses courts, emplumés, privés de pouce, et
réduits à trois doigts également courts, épais, emplumés
jusqu'aux ongles, granulés à la plante et soudés par un fort
repli membraneux.

La femelle est privée des brins que le mâle seul possède
aux ailes et à la queue.

On en compte deux espèces originaires de la Haute-Asie ; une
seule appartient définitivement à l'Europe.

PL. 19.—SYRRHAPTE PARADOXAL.

Syrrhaptes paradoxus (Licht, *ex* Pallas). — *Tetrao paradoxa* (Pallas).

Mâle adulte : en dessus, d'un jaune grisâtre squamulé de noir,
tête gris roussâtre coupé à la nuque par un trait orangé partant
de chaque œil; première rémige noire, les autres d'un gris roussâtre avec rachis noirs; rectrices gris foncé, blanches à la pointe ;
en dessous, devant du cou et poitrine gris cendré écaillé de noir,
cette écaillure formant plastron d'une aile à l'autre; bas de la
poitrine gris jaunâtre sans taches. Bec et iris bruns; ongles

noirs. Taille : trente-deux à trente-trois centimètres jusqu'à la pointe des rectrices médianes.

Habite en Europe, la Norwège, la Suède, le Jutland, où il se reproduit ; en Asie, les Hauts Plateaux, la Chine, la Boukharie, le Turquestan, la Mongolie, la Russie, les bords de la mer Caspienne, l'Arménie et les Indes anglaises ; parfois, et à la suite de perturbations atmosphériques, souvent au cours de ses migrations, inonde les divers pays du centre de l'Europe de ses bandes nombreuses ; en France, en Angleterre, en Allemagne, en Hollande.

Niche dans les steppes, sur le sable des déserts, ou sur les dunes des bords de la mer ; y creuse une petite cavité garnie d'herbes sèches, et y pond quatre œufs de forme cylindrique, d'un fauve plus ou moins clair ou roussâtre, recouverts de taches nuageuses de même couleur plus foncée ; ils mesurent quatre et demi centimètres sur deux et demi à trois.

C'est à Pallas, qui en a fait la découverte, en 1771, près de la rivière Miias, dans la province d'Iselsk, du gouvernement d'Orenbourg, que l'on doit les premières notions des habitudes de cet oiseau, appelé aussi *Hétéroclite*. Rappelons d'abord que ce gouvernement fait partie de la Russie d'Europe, dont il est la limite du côté de l'Asie.

Il n'est pas étonnant que, dans ses migrations, le plus souvent accomplies par des froids rigoureux et au milieu d'ouragans de neige, il perde sa voie et subisse parfois les inconvénients de ces phénomènes atmosphériques.

C'est ce qui est arrivé en 1863, que des légions de ces oiseaux ont été poussées et se sont répandues sur presque toute la surface de l'Europe, y compris la France, où ils s'abattirent dans les plaines de la Champagne, aux environs de Châlons-sur-Marne, restant absents ainsi de l'Asie du mois de mai au mois d'octobre.

2ᵉ GROUPE GÉNÉRIQUE

GANGA, *PTEROCLES* (Temm.).

Bec moitié de longueur de la tête, voûté, à arête arrondie;
mandibule supérieure dépassant l'inférieure; narines basales obliques, cachées sous les plumes; ailes allongées,
pointues, suraiguës, la première rémige dépassant toutes
les autres; queue ample, arrondie, seize rectrices, les deux
médianes excédant parfois les autres, très longues et effilées; tarses courts, du double de la longueur des doigts
également courts et épais, emplumés jusqu'à l'origine de
ceux-ci, qui sont recouverts de squamelles en dessus et unis
par une membrane à la base; pouce assez haut monté et
réduit pour ainsi dire à l'ongle.

On en compte pas mal d'espèces, propres la plupart à
l'Afrique, dont deux fréquentent et habitent en grand nombre
tout le midi de l'Europe, depuis les Échelles du Levant jusqu'en
Espagne. Ce sont les suivantes.

PL. 50. — GANGA UNIBANDE.

Pterocles arenarius (Temm., ex Pall.). — *Tetrao arenarius* (Pall.).

Mâle adulte : en dessus, cendré jaunâtre, irrégulièrement tacheté de gris bleuâtre, chaque plume terminée de jaune ; rémiges
cendré noirâtre ; queue rayée de cendré foncé, de roux et de
jaunâtre ; en dessous, tache triangulaire noire à la gorge ; bas
de la mandibule inférieure et région parotique roux marron ;
tête, cou et poitrine d'un cendré couleur de chair ; ceinturon
noir au bas de la poitrine, allant d'une aile à l'autre ; ventre,
flancs, cuisses et abdomen d'un noir profond, de même que les

couvertures inférieures et le dessous des pennes caudales ; tarses jaunâtres. Bec noirâtre ; iris brun foncé. Taille de trente centimètres.

Habite le midi de l'Europe, les Pyrénées, l'Espagne, la Grèce, l'île de Chypre, les déserts sablonneux avoisinant la mer Caspienne, le Caucase, l'Asie et l'Afrique,

Niche à terre ou sur le sable, dans une petite cavité à l'abri d'un buisson ou d'une touffe d'herbes ; pond de trois à quatre œufs d'un fauve clair, parsemés de taches nuageuses brunâtres ; ils mesurent quatre centimètres et demi sur trois.

Au moment de la publication de Degland et Gerbe, il n'avait pas encore été rencontré en France. Cependant, en 1876, un chasseur en envoya à M. Lacroix de Toulouse plusieurs individus tués par lui dans les Pyrénées.

Leur vol est extrêmement rapide ; la marche est leste et n'a rien de précipité comme celle de la Perdrix.

Leur jabot était complètement garni de graines de différentes légumineuses mêlées de gravier ; ce qui semblerait indiquer que ces Gangas étaient déjà depuis quelques jours dans ces contrées, et qu'ils avaient trouvé une nourriture abondante et à leur convenance.

PL. 51. — GANGA CATA.

Pterocles alchata (Licht., *ex* Linn.). — *Tetrao cauducutus* (J.-G. Gmel.). — *Tetrao alchata* (Linn.).

Mâle adulte : en dessus, tête, nuque, croupion et couverture de la queue rayés de noir et de jaunâtre ; dos et scapulaires rayés de même, avec le bout de chaque plume bordé d'une large bande d'un cendré bleuâtre, suivie d'une autre de couleur jaunâtre ; petites et moyennes couvertures des ailes marquées obliquement d'un rouge marron, et terminées par un croissant blanc ; grandes couvertures d'un cendré olivâtre terminé par des croissants noirs ; pennes de la queue terminées de blanc, l'extérieure bordée de

cette couleur ; les deux médianes, très longues et effilées, dépassant les autres de huit centimètres. En dessous, gorge noire ;
devant du cou d'un cendré jaunâtre ; large ceinturon d'un roux
orange sur la poitrine, bordé en dessus et en dessous d'une étroite
bande noire ; ventre, flancs, abdomen, cuisses et tarses blancs.
Bec et ongles d'un brun de corne ; iris brun. Taille : vingt-sept à
vingt-huit centimètres.

Habite l'Europe, dans la Provence, où il est sédentaire, dans
les Pyrénées, en Espagne, en Sicile, l'île de Chypre, l'Asie et
l'Afrique.

Niche comme le précédent ; pond de deux à quatre œufs d'un
blond plus ou moins rougeâtre moucheté de brun roux et de gris
violacé ; ces mouchetures formant parfois une large couronne à
l'un des bouts ou au dernier tiers de l'œuf ; ils mesurent quatre
centimètres et demi sur trois.

Même nourriture.

2ᵉ FAMILLE

LAGOPÉDINÉS. — Lagopedinæ.

Les Lagopèdes, que Temminck comprenait, et que l'on est
porté généralement à confondre avec les vrais Tétras qui suivent,
en diffèrent par leurs doigts emplumés jusqu'aux ongles ; ils n'en
diffèrent pas moins par leurs mœurs soumises aux influences des
localités, et qui sont en rapport, dans chaque espèce, avec l'alti-
tude des contrées ou cantons qu'ils habitent.

Plus spécialement confinés, comme le dit notre ornithologiste,
dans les régions glaciales des deux continents, ou sur les hautes
montagnes du centre de l'Europe. Ils se tiennent habituellement
dans les halliers, les broussailles ou dans les amas de bouleaux
et de saussaies.

Tous sont monogames, sociables et vivant en troupes nombreuses, hors le temps des pariades. Ils ne forment qu'un seul
groupe composé de trois espèces, quoique Temminck, par suite
de doubles emplois, en ait admis cinq.

GROUPE GÉNÉRIQUE UNIQUE

LAGOPÈDE, *LAGOPUS* (Briss.).

Bec beaucoup plus court que la tête, un tiers de sa longueur; narines basales entièrement cachées sous les plumes du front; bande charnue et papilleuse, en forme de sourcils, au-dessus des yeux; ailes courtes, concaves, arrondies, subobtuses, la quatrième rémige la plus longue; queue courte, ample, plutôt carrée qu'arrondie; tarses chez les uns et doigts courts, comme dans les Gangas, et complètement velus jusqu'aux ongles; chez les autres, doigts minces, déliés et allongés, légèrement velus, les tarses seuls recouverts de plumes longues et soyeuses, s'arrêtant à la naissance des doigts, qui sont amplement articulés; dans ce cas, ongles allongés, courbés et aigus, le médian seul canaliculé en dessous. (Lagopède blanc.)

On en compte plusieurs espèces, dont trois appartiennent à l'Europe.

PL. 52 et 53. — LAGOPÈDE BLANC.

Lagopus albus (Vieillot).

Mâle adulte, en été : en dessus, vermiculé de noir, de roux et de blanc; bande sourcilière papilleuse d'un rouge vif; petites couvertures supérieures des ailes et rémiges blanches; le rachis de celles-ci brun; rectrices blanches au sommet et à la pointe; en dessous, tête, cou et poitrine d'un rouge marron, ponctués et striés de noir; abdomen blanc; sous-caudales d'un roux de rouille. Bec noir; iris brun; ongles bruns à pointe blanchâtre.

En hiver : entièrement d'un blanc de neige, avec rectrices noires, à base et pointe blanches.

Taille : trente-neuf à quarante et un centimètres.

Habite l'Europe et l'Amérique boréales, la Laponie, la Suède et la Norwège, le Groënland, etc.

Niche à terre, sous les buissons de bouleaux ou de saules nains, sans aucune préparation ; pond de huit à douze œufs d'un fond fauve blanchâtre, ou plus ou moins jaunâtre, parsemé de taches déchiquetées en forme d'éclaboussures généralement de couleur noire, parfois d'un brun roussâtre ; ils mesurent quatre centimètres et demi sur trois.

Dans leurs excursions aux glaces du Spitzberg, MM. Evans et Sturge ont aussi trouvé le nid, si l'on peut appeler ainsi un amas composé de longues tiges d'herbes sèches pliées dans un creux ressemblant à une tranchée, où la neige était fondue ou plutôt balayée par le vent, ce qui parut plus probable à ces voyageurs, tant la place était froide.

Se nourrit en hiver des chatons de saules nains, de pignons de pins et de baies de genévriers, auxquels ils mêlent pas mal de gravier ; en été, de fruits et d'herbes.

C'est le Lagopède de la baie d'Hudson et la Gelinotte du Canada de Buffon, et le Tétras des saules de Temminck.

PL. 54. — LAGOPÈDE PTARMIGAN.

Tetrao mutus (Martin). — *Lagopus mutus* (Leach).

Mâle, en été : en dessus, cendré roussâtre, fascié de bandes et zigzags noirs à la tête, au cou et sur le dos ; rémiges blanches, à rachis noirâtres ; rectrices noires, blanches seulement à la base et à l'extrémité ; en dessous, depuis la gorge jusques y compris la poitrine, d'un brun noir velouté, tranchant sur le blanc immaculé de la poitrine ; trait noir de la base du bec à l'œil, qui est surmonté d'une membrane sourcilière caronculée d'un rouge vif.

En hiver : entièrement blanc pur, sauf le noir du lorum ; tarses et doigts recouverts de longues plumes blanches. Bec noir ; iris brun ; ongles noirâtres.

Taille : trente-cinq à trente-six centimètres.

Habite les hautes montagnes du nord de l'Europe, telles que celles de la Laponie et de la Scandinavie , et celles du centre, comme celles de la Suisse, de la Savoie et de la France.

Niche sur le sol, à l'abri des rochers ou des touffes de rhododendrons et d'herbes ; garnit l'excavation qu'il a pratiquée de feuilles sèches et de brins d'herbes, et y pond de huit à dix œufs d'un ton un peu plus brun que ceux du Lagopède et marqués de taches semblables de forme et de couleur ; ils mesurent quatre centimètres sur trois.

PL. 55. — LAGOPÈDE D'ÉCOSSE.

Bonasa scotica (Brisson). — *Lagopus scoticus* (Leach, *ex* Briss.).

Mâle : en dessus , noirâtre, vermiculé et strié de roux ; en dessous, de mêmes couleurs, à l'exception des côtés de la tête et du devant du cou d'un brun rouge marron , ainsi que du ventre marqué de quelques taches blanches ; rémiges et rectrices brunes, les quatre médianes de celles-ci d'un roux marron ; ce plumage presque le même en toute saison. Bec noir ; iris noisette ; membrane sourcilière papilleuse rouge vermillon ; ongles grisâtres. Taille : quarante-trois à quarante-quatre centimètres.

C'est le type du groupe *Oreias*, de Kaup.

Habite l'Europe , exclusivement la Grande-Bretagne, et spécialement l'Écosse, d'où son nom ; fréquente les montagnes et les marais, ce qui l'a fait appeler dans quelques endroits *Poule de marais.*

Se nourrit de bourgeons, de baies et de feuilles.

Niche comme les précédents. Pond de dix à douze œufs de même couleur et tachés de même, mais les taches beaucoup plus rapprochées et plus denses ; ils mesurent quatre centimètres et demi sur trois.

_ C'est en effet, comme l'exprime un naturaliste anglais, un oiseau presque exclusivement britannique, qu'on trouve en Irlande, dans le pays de Galles, dans les comtés du nord de l'Angleterre, aussi bien qu'en Écosse.

3ᵉ FAMILLE

TÉTRAONINÉS ou TÉTRAS. — Tetraoninæ.

Les Tétraoninés sont de gros oiseaux pesants et lourds, dont le corps est très charnu. Ils offrent ceci de remarquable que tous se distinguent les uns des autres par quelque particularité de plumage, en tant qu'ornement.

Les Tétras fréquentent indistinctement les pays demi-boisés, les plaines et les montagnes; ils perchent fréquemment et souvent jusqu'au faîte des sapins; et ils se rencontrent aussi loin au nord que le cercle arctique. Ils grattent la terre; vivent de feuilles ou de sommités de bourgeons de sapin, de genévrier, de cèdre, de saule, de bouleau, de peuplier blanc, de coudrier, de myrtille, de ronces, de chardons, de pommes de pin, des feuilles et des fleurs de blé sarrasin, de la gesse, de la mille-feuilles, du pissenlit, du trèfle, de la vesce et de l'orbe, principalement lorsque ces feuilles sont tendres; ils mangent aussi, surtout la première année, des mûres sauvages, de la faîne, des œufs de fourmis, etc.

Divisés en sept groupes, comprenant, il y a peu de temps encore, les Lagopèdes, mais ceux-ci élevés au rang de famille, se réduisant aux Bonasies ou Gelinottes, au Lyrure ou Tétras à queue fourchue, et au grand Tétras que nous réunissons en un seul groupe; n'ayant à nous occuper ni des Centrocerques, ni des Cupidons, ni des Canacés, tous particuliers à l'Amérique du Nord.

GROUPE GÉNÉRIQUE UNIQUE
TÉTRAS, *TETRAO* (Linn.).

Bec moitié de la longueur de la tête, fortement bombé, crochu à la pointe de la mandibule supérieure qui recouvre et dépasse l'inférieure; narines basales couvertes et cachées par les plumes du front; bande charnue s'étendant parfois en une large plaque papilleuse entourant les yeux; ailes courtes, arrondies, subobtuses, la troisième et souvent la quatrième rémige les plus longues; queue médiocre, variable de forme ou simplement arrondie ou fourchue, se divisant en deux prolongements recourbés latéralement en dehors, laissant entre eux les six rectrices médianes très courtes et carrées; tarses de la longueur du doigt médian, emplumés jusqu'à la naissance des doigts; ceux-ci nus, divisés, pectinés à leurs bords; pouce développé au-dessus du talon, touchant légèrement à terre; ongles peu courbés, à pointe légèrement obtuse, creusés en dessous. Plusieurs ont les plumes du menton allongées en forme de barbe, ou celles du dessus de l'œil raides et relevées en crête.

L'Europe en compte trois espèces.

PL. 56. — TÉTRAS GÉLINOTTE.

Tetrao bonasia (Linné).

Mâle adulte : en dessus, brun varié de taches rousses, noires et blanches; bande sourcilière rouge, très étroite; plumes de la tête assez longues, touffues et se relevant en huppe aux moindres impressions de l'oiseau; rémiges brun roussâtre, avec miroir blanc sur les scapulaires; rectrices cendrées, avec zigzags noirs, excepté sur les deux médianes, et terminées par une large bande noire ; en dessous, gorge noire entourée d'une bande blanche prenant son origine entre l'œil et le bec ; le reste des parties inférieures également noires, mais chaque plume rousse au centre est bordée de blanc. Bec brun noirâtre ; iris et pieds brun clair. Taille : trente-six à trente-sept centimètres.

C'est le type du groupe *Bonasa*, de Brisson.

Habite l'Europe du nord et du centre, ainsi que l'Asie septentrionale ; dans les bois en montagnes et dans ceux de plaines, composés de sapins, de pins, de bouleaux et de coudriers ; assez abondante en France, en Allemagne, ainsi qu'en Bohême, jamais en Hollande ; commune en Suède ; se trouve dans le Jura et en Savoie. En 1864, d'après Toussenel, elle peuplait une foule de localités boisées de la Haute-Saône et de la Haute-Marne, où elle était complètement inconnue avant la Révolution de 1830.

Niche à terre, dans un nid grossier et bien caché sous un coudrier ou près d'une pierre ; y pond de huit à quinze œufs d'un roux clair, marqués de quelques rares taches et de nombreux petits points brun rouge ; ils mesurent trente-six à trente-huit millimètres sur vingt-sept ou vingt-huit, et sont de forme plus arrondie que ceux des Lagopèdes.

Pendant l'été, les Gelinottes vivent d'insectes, de vers et de limaçons qu'elles découvrent en grattant le sol ; en d'autres saisons, elles se nourrissent de bourgeons, de fleurs et de pointes de feuilles d'airelles, de baies de sureau, de myrtilles, de mûres, des fruits du sorbier et du rosier sauvage, et de graines que leur timidité leur fait plutôt chercher à terre que détacher des branches.

C'est la *Poule des coudriers* des anciens auteurs.

PL. 57. — TÉTRAS BIRKHAHN ou A QUEUE FOURCHUE.

Tetrao tetrix (Linné).

Mâle adulte : en entier d'un beau noir uniforme, à reflets métalliques bleus et chatoyants, principalement en dessus ; d'un noir plus mat en dessous ; miroir blanc sur l'aile, dont les rémiges secondaires sont liserées de blanchâtre ; queue très fourchue, non seulement, comme dit Buffon, parce que les plumes du milieu sont plus courtes que les extérieures, mais encore parce que celles-ci, divergentes, se recourbent et sont contournées en dehors et en avant ; couvertures sous-caudales blanc pur ; plumes du menton touffues et allongées ; au-dessus des yeux un large rebord en bourrelet papilleux, saillant, rouge écarlate, véritable cocarde dont l'œil est le centre, surmonté de fines plumes droites et raides ; ce bourrelet, au temps des amours, se frange et devient aussi épais que le doigt ; tarses gris brunâtres piquetés de blanc. Bec noir ; iris bleuâtre ; doigts et ongles bruns. Taille du mâle : de cinquante-cinq à soixante-cinq centimètres ; de la femelle : de quarante-deux à quarante-six.

Celle-ci est rousse, tachetée de noir, porte le miroir alaire, et sa queue, moins profondément échancrée, est barrée de noir.

C'est un des plus curieux et le plus beau de la famille.

Type du groupe générique *Lyrurus*, de Swainson.

Habite l'Europe et l'Amérique boréales ; commun en Laponie, en Suède et en Russie ; se trouve dans les parties centrales de l'Europe, en assez grand nombre en Allemagne, en Hollande, en Suisse, en France ; vit dans les bois situés au voisinage des bruyères et des champs.

Niche dans un enfoncement que la femelle creuse, à l'aide de ses pattes, au plus épais de la bruyère ou sous des buissons ; pond de six à douze œufs d'un brun jaunâtre mouchetés de rares taches et de nombreux petits points d'un brun rouge. Ils mesurent quatre centimètres et demi sur trois.

Se nourrit, selon la saison, de baies, de feuilles fraîches et d'insectes.

La chair de ce Tétras est beaucoup plus délicate et savoureuse que celle du grand Tétras.

Le nom de *Birkhahn* est le vocable allemand qui veut dire *Coq de bouleau*.

TETRAS RAKKELHAN

Tetrao intermedius (Langsdorff). — *Tetrao medius* (Meyer).
— *Tetrao hybridus* (Linné).

Mâle adulte : en dessus, cou et tête d'un noir brillant ; bas du dos et croupion noir violet chatoyant, pointillé de blanc ; couvertures des ailes noires parsemées de points roux et blancs ; grandes rémiges brunes avec leurs barbes externes blanches ; queue noire, légèrement fourchue, les deux médianes bordées de blanc ; en dessous, longue barbe noire au menton ; poitrine et ventre d'un noir brillant, celui-ci bordé de blanc ; cuisses et jambes noires, avec de petites mouchetures blanches, moins nombreuses à la cuisse. Bec plus gros et plus fort que chez le Tétras à queue fourchue, d'un noir bleuâtre ; yeux brun noisette ; bande sourcilière papilleuse rouge ; doigts larges, longuement frangés ou pectinés. Taille : soixante-dix à soixante-quatorze centimètres.

Femelle : presque semblable à celle du Tétras à queue fourchue, mais un peu plus grosse.

Habite le nord de l'Europe, en Laponie, en Suède, où il est très commun, ainsi qu'en Russie ; accidentellement en Allemagne, moins rare en Suisse.

Niche comme le précédent ; pond des œufs un peu plus gros, d'un jaunâtre clair, avec des taches de couleurs ferrugineuses plus foncées et plus distinctes.

Se nourrit de même.

Les habitudes de ce Tétras, si souvent confondu avec celui à queue fourchue, sont encore peu connues.

Nous rangeant à l'opinion de Linné, nous n'hésitons pas à le

considérer, non comme une variété hybride, issue du Tétras à
queue fourchue et du grand Tétras qui va suivre, mais comme
une véritable espèce.

Linné le dit plus rare et plus sauvage que le Tétras à queue
fourchue, et ajoute qu'il a un cri tout différent, que M. de
Tschudi compare à un gloussement.

PL. 58. — TÉTRAS AUERHAHN ou GRAND COQ DE BRUYÈRE.

Tetrao urogallus (Linné).

Mâle adulte : en dessus, d'un noir bleuâtre cendré, comme sau-
poudré de poussière grise ; couvertures supérieures des ailes
d'un brun vermiculé de roussâtre et blanches à leur origine ;
rectrices noires tachetées de blanc en forme de croissant, à
l'exception des médianes ; en dessous, gorge noire ornée d'une
touffe de longues plumes de même. couleur au menton ; poitrine
d'un vert foncé à reflets bleus et violets ; abdomen noir bleuâtre
tacheté de blanc ; jambes d'un brun varié de blanchâtre ; le pouce
presque réduit à l'ongle, surmonté et ne touchant pas à terre.
Bec de couleur de corne blanchâtre ; bande sourcilière papilleuse d'un beau rouge éclatant ; yeux et doigts bruns. Taille
variant de soixante-dix à quatre-vingt-dix centimètres.

Femelle : d'un roux rayé de noir, de cendré et de blanc, le roux
plus clair à la gorge et au cou, plus ardent à la poitrine. Taille
variant de cinquante-cinq à soixante-cinq centimètres.

Habite l'Europe et l'Asie boréales, la Laponie, la Sibérie, la
Suède et la Russie, où il est des plus communs ; très abondant
dans les forêts de la Livonie et de l'Esthonie, aux bords du Jéni-
sey et de l'Obi, ainsi que dans celles de la Thuringe et du Hartz,
et de toute l'Europe moyenne et septentrionale ; se trouve enfin
en Allemagne, en Suisse. au Saint-Gothard, dans le Jura, les
Vosges, parfois même les Pyrénées , de même qu'en Angleterre
et en Écosse.

Niche dans un enfoncement assez spacieux creusé sous

quelque buisson, ou sous la bruyère de quelque clairière, et
garni de quelques branches légères et d'herbes ; y pond de cinq
à quatorze œufs fauve clair, maculés de quelques grandes taches
et de nombreux petits points roux ; ils mesurent cinq centimètres
et demi sur quatre.

Le cri du Coq de bruyère, dit M. de Tschudi, est singulier et
ne peut être rendu par des mots. Les chasseurs allemands lui ont
donné un nom particulier (*Balzen*), et ne l'entendent en général
qu'au printemps.

Ce chant du Coq, si souvent mortel pour lui, est son chant
d'amour : ses poules se tiennent à quelque distance dans l'herbe
et les buissons, et lui répondent par leur doux *back-back*. Il n'est
pas rare qu'un jeune Coq, attiré par le bruit, ne vienne interrompre
ce concert, pour livrer au vieux Coq un combat furieux, pendant
lequel, de même que les Cerfs au moment du rut, les deux cham-
pions, aveuglés par la rage, cessent de voir et d'entendre, et
fondent, ivres de colère et de passion, sur d'autres animaux, et
même sur le spectateur.

Au canton de Berne , un paysan nourrit un jeune Coq de
bruyère exclusivement de pommes de terre, et le rendit si fa-
milier qu'il accourait à son appel. Il y·a cela de remarquable
que les Coqs, pris jeunes et apprivoisés, chantent à toute heure
et en toute saison.

2ᵉ TRIBU

PERDICIDÉS ou PERDRIX

PERDICIDÆ.

Les membres de cette tribu assez importante sont distribués sur toute la surface du globe ; mais ceux d'entre eux admis dans la faune européenne se restreignent à l'Europe, à l'Asie et à l'Afrique,

Ils se distinguent des Tétraonidés par la nudité de leurs tarses, qui ne souffre qu'une exception partielle, et celle de leurs doigts ; ils s'en distinguent surtout par un autre caractère essentiel organique : celui d'un éperon, tantôt à peine apparent, à l'état rudimentaire ou réduit à une simple callosité, tantôt, et c'est la généralité, tout à fait prononcé, situé à la moitié de la hauteur du tarse, et plutôt sur la face interne que sur la partie postérieure.

Ils se divisent en cinq familles : Tétrao-Galles, Perdrix proprement dites, Cailles, Colins et Francolins.

Iʳᵉ FAMILLE

TÉTRAO-GALLINÉS ou TÉTRAOGALLES — Tetrao gallinæ.

Les Tétraogallinés établissent ce lien, dont nous parlions tout à l'heure, qui était à trouver pour servir de transition des Tétras aux Perdrix : formes et dimensions de ceux-là, en effet ; mais ptilose de ceux-ci. Il n'est pas, outre des mœurs semblables, sauf la nature des localités qu'ils fréquentent, jusqu'au caractère de leur œuf qui ne se prête à ce rapprochement.

On a distingué, dans cette famille, les groupes suivants : Tétraogalles proprement dits, Lerwées, Galloperdrix et Hepburnies dont nous n'étudierons que le premier seul représenté en Europe.

Rangé par le docteur Reichenbach et par M. G.-R. Gray dans les Lophophores, le type en est des plus curieux, comme exagération en volume du type *Perdrix*.

GROUPE GÉNÉRIQUE UNIQUE
TÉTRAOGALLE, *TETRAOGALLUS*

Bec du tiers de longueur de la tête, aussi haut que large, courbé, sans être bombé, de la base à la pointe, qui dépasse et recouvre celle de la mandibule inférieure; narines basales, latérales, percées en demi-cercle et recouvertes d'un fort opercule membraneux formant bourrelet; espace nu à l'angle externe de l'œil; ailes assez longues, subaiguës, les trois premières rémiges égales dépassant les autres; queue ample, arrondie, recouverte sur les deux rectrices médianes de deux autres pennes effilées et pointues sortant des couvertures uropygiales, mais n'atteignant pas l'extrémité des rectrices dont le bout est arrondi; tarses de la longueur du doigt médian largement squamulés en devant, écussonnés en arrière, et pourvus chez le mâle, sur la face interne, d'un fort éperon ou ergot; doigts épais, squamulés en dessus; ongles larges, faiblement courbés, la pointe ne recouvrant pas l'épais bourrelet des doigts.

Suivant quelques auteurs, deux espèces se disputeraient l'honneur de représenter le type Tétraogalle : le *Caucasicus* de Pallas et l'*Himalayensis* de M. G.-R. Gray, découvert en 1857. Réunissant les deux types qui, pour nous, ne constituent qu'une différence d'âge, il en résulte une seule diagnose, qui est la suivante.

PL. 59. — TÉTRAOGALLE DU CAUCASE.

Tetraogallus caucasicus (Gr., *ex* Pall.).

Mâle adulte : en dessus, gris cendré à la tête et au cou, vermiculé de noir et de roux; sourcils et lorums blanchâtres; couvertures des ailes d'un marron clair dans la moitié de leurs plumes; rémiges brun cendré , blanches à la base; rectrices zébrées de roux et de noirâtre ; en dessous, hausse-col blanc encadré de gris foncé ; poitrine blanche émaillée de noir intense ; abdomen et flancs flamméchés de noir brun et vermiculés de roussâtre, les plus grandes plumes de celles-ci flammées d'un beau marron presque rouge bordé de noir. Bec noir ; espace nu des yeux et opercule des narines rouge orangé ; tarses et pieds d'un gris jaunâtre , ainsi que l'éperon de quatre centimètres de longueur ; ongles noirs. Taille : soixante centimètres.

Femelle un peu plus petite.

Type des groupes génériques *Megalo-Perdix*, de Glaber, et *Choursiha*, de Motschoulsky.

Habite l'Europe et l'Asie septentrionales et centrales; fréquente les rampes ardues et les pics neigeux des hautes montagnes, telles que le Caucase, l'Himalaya occidental, celles de la Colchide, de Cachemir, etc.

Niche à terre, compose son nid de brins d'herbe rassemblés en un tas aussi haut que large ; pond de deux à quatre œufs d'un blanc sale (d'après un correspondant du journal l'*Acclimatation* de 1874).

Se nourrit de jeunes végétaux et surtout de *Primulæ*.

Ce grand oiseau, qui rivaliserait probablement, comme gibier, avec le grand Coq de bruyère, est un animal fort commun dans la grande chaîne de montagnes qui sert de limite entre l'Europe et l'Asie.

Les Tétraogalles portent la queue élevée lorsqu'ils sont à terre , et leur marche ressemble assez à celle de l'Oie. Ils se repaissent toujours en remontant vers le haut des montagnes et en s'avançant doucement. L'espèce des *Primulæ* est la nourriture qu'ils préfèrent.

Ces oiseaux sont très peu farouches : d'en bas on peut en approcher sans difficulté, puisque, lorsqu'ils sont dérangés, ils volent toujours en suivant la pente de la montagne, et s'envolent rarement avant que le chasseur n'en soit à une trentaine de mètres.

La chair de ce Tétraogalle n'est pas savoureuse, et a une odeur désagréable.

2ᵉ FAMILLE

PERDICINÉS ou PERDRIX proprement dites. — Perdicinæ.

A première vue, il est permis de s'étonner de l'apparence du désordre apporté par les méthodistes dans une famille composée, en général, d'éléments aussi simples et aussi homogènes que celle-ci ; ne fût-ce qu'en faisant de la Perdrix rouge le type de la famille, et de la Perdrix grise, si universellement connue, un type à part sous le nom étrange de *Starne*.

L'étonnement cesse quand on se reporte aux caractères oologiques, dont les auteurs ne se sont cependant pas préoccupés, et qui militent en faveur de cette séparation : l'œuf de la Perdrix rouge et de tous ses similaires se rattachant à celui des Tétras, et l'œuf de la Perdrix grise à celui des Francolins. Devant cette démonstration, il est difficile de ne pas s'incliner.

Ce sont tous oiseaux appartenant exclusivement à l'ancien continent, attachés au sol, y courant avec agilité, ne le quittant qu'à regret, et ne prenant leur vol bas et en droite ligne que pour fuir le danger, parfois même, pour y échapper s'il est trop pressant, ayant recours aux troncs et aux branches basses des arbres, sur lesquels ils se perchent ; du reste, essentiellement herbivores et granivores, nichant par conséquent à terre.

On les a divisés en Caccabis, Perdrix, Ammo-Perdrix, Arboricoles, Starnes et Ptilopaques, sur lesquels nous n'en reconnaissons que deux : Perdrix et Starnes ; les autres n'étant justifiées par aucuns caractères différentiels, ou étant étrangers à l'Europe.

I⁰ʳ GROUPE GÉNÉRIQUE

PERDRIX, *PERDIX* (Brisson).

Bec fort, moitié de la longueur de la tête, aussi haut que large, courbé régulièrement de la base à la pointe, la mandibule inférieure suivant l'inflexion de la supérieure; espace étroit nu derrière les yeux; narines basales elliptiques, recouvertes d'une forte écaille membraneuse bombée; ailes médiocres subobtuses, la troisième rémige la plus longue; queue courte, ample et arrondie; les grandes plumes suscaudales prolongées en dehors du croupion, mais sans atteindre le bout des rectrices; tarses un peu plus courts que le doigt médian, portant chez le mâle un tubercule calleux, obtus, en place d'ergot, garnis de trois rangées d'écussons ou squamelles sur la face antérieure, la postérieure finement réticulée ou granulée; ongles courts et faiblement arqués; pouce court, l'ongle touchant à peine le sol.

On en compte près de trente espèces appartenant toutes à l'ancien monde, et dont quatre seulement se trouvent en Europe. Mais plusieurs variétés hybrides ou de métissage ont souvent été et sont encore données comme espèces dont nous croyons inutile de nous occuper.

PL. 60. — PERDRIX ROUGE.

Perdix rubra (Brisson).

Mâle adulte : la Perdrix rouge, comme le dit Toussenel, est un des plus jolis oiseaux de France.

Un élégant bandeau noir, qui part de l'origine du bec, passe au-dessus de l'œil, encadre les joues et la gorge, et dessine sur le devant du cou un riche collier de jais dont les grains retombent sur le plastron comme une pluie de perles noires ; les joues et la gorge sont blanches ; le manteau, le dessus de la tête et les couvertures des ailes sont teintés d'une nuance roux cendré uniforme, sans zébrures ; le dessous du corps est coloré d'un jaune brun orangé d'un ton très riche ; les plumes qui bordent les flancs et les parties latérales au-dessous du collier portent des mailles d'un beau rouge de brique bordé d'une fine rayure brune ; les plumes des flancs, d'un cendré bleu, sont particulièrement remarquables par des bandes blanches bordées seulement à leur partie extérieure d'une étroite bande noire, et sont en outre terminées par un large croissant rouge. Le bec, les jambes et les pieds sont d'une belle couleur roux rose ; la membrane de l'iris est noire brillante, l'œil surmonté d'un léger sourcil écarlate, comme le bord des paupières. Taille : trente à trente et un centimètres.

Habite l'Europe ; un peu partout, en Autriche, en Suisse, en Angleterre ; répandue dans tout le midi de l'Europe, sur les côtes de la Méditerranée ; en France, se trouve dans tous les départements du centre et de l'ouest ; assez commune en Bretagne, dans le Maine et l'Anjou, le Perche, la Sologne et le Gâtinais.

Niche à terre, dans les champs, sous les buissons, dans les blés, les herbes et les luzernes. Pond de quinze à dix-huit œufs d'un fauve clair, avec quelques larges taches et de nombreux petits points d'un brun rouge, souvent simplement ponctués de rouge brique sur un fond teinté de même ; parfois enfin, mais rarement, d'un blanc uniforme et sans taches ; ils mesurent quatre centimètres sur trois.

La Perdrix rouge, dit Toussenel, ne perche guère, à moins qu'elle n'y soit forcée ; mais le cas arrive quelquefois, et alors la pauvre bête demande son salut aux branches touffues du chêne ou du pin maritime. Une fois branchée, elle se croit en sûreté parfaite et paraît s'amuser beaucoup à voir courir les chiens au-dessous d'elle. Elle est souvent distraite de ces récréations par un coup de fusil. Il y a des chasseurs qui ont habité des pays de

Perdrix rouges pendant des demi-siècles et qui n'ont jamais vu un seul de ces oiseaux branché.

La Perdrix rouge, forcée, s'insinue quelquefois aussi dans un terrier de lapin ou dans le creux d'un arbre. .

PL. 60. — PERDRIX BARTAVELLE.

Perdix saxatilis (Meyer et Wolf).

Mâle adulte : la Bartavelle, plus grosse et plus ramassée que la Perdrix rouge, ainsi que le dit Toussenel, diffère encore de celle-ci par deux caractères essentiels. Elle porte un collier noir comme l'autre, mais ce collier ne s'égrène pas comme celui de la Perdrix rouge : c'est un large ruban sans broderies ni franges ; les maillures des flancs sont d'une teinte plus sombre, et la belle couleur roux orangé du ventre de la Perdrix rouge passe, chez la Bartavelle, au gris ardoisé du Ramier. La couleur rouge du bec et du tarse est également plus sombre ; les quatre pennes médianes de la queue sont grises, les douze autres sont d'un roux foncé, et ont les reflets du satin. Taille : trente-deux à trente-cinq centimètres.

C'est la *Perdrix grecque*, de Gerbe.

Habite l'Europe, l'Asie, et en masse la Syrie, la Perse et l'Afrique ; commune dans les Alpes méridionales de l'Allemagne, le Tyrol, la Suisse, l'Italie, la Sicile, l'Archipel et la Turquie.

En France, elle est exclusive aux montagnes les plus élevées qui serrent de droite et de gauche les flancs du Rhône, où l'amour de la vendange et des escargots jaunes la fait souvent descendre.

Niche dans un petit creux, sous quelque buisson épais, dans une fente, sous une pierre ou au pied des rocs recouverts de broussailles ou de touffes de plantes, ou bien dans les prés, les champs de légumes, de colza ; garnit ce creux de quelques brins de paille et d'herbe mélangés de feuilles sèches, et y pond de neuf à dix-huit œufs à fond jaunâtre très clair, souvent presque blanchâtre, tantôt moucheté de taches brunes, ne s'accusant parfois que sous formes nuageuses, un peu plus gros ou plus allongés que ceux de la Perdrix rouge ; ils mesurent quatre centimètres et demi sur trois.

PL. 61. — PERDRIX GAMBRA.

Perdix petrosa (Lath., *ex* Gmel.).

Mâle adulte en dessus, front, haut de la tête et nuque d'un marron foncé, se dilatant sur les côtés du cou en un large collier, ocellé de blanc, qui devient plus étroit par devant ; gorge, tempes, et large trait au-dessus des yeux d'un gris bleuâtre ; dos cendré roux ; scapulaires marquetés de taches bleu turquoise, bordés d'orange ; en dessous, ventre roux ; flancs cendrés, chaque plume portant une large bande transversale, mi-partie blanche et rousse, bordée parallèlement sur les deux côtés par une étroite ligne noire, toutes terminées de roux ; rectrices roux marron, excepté les médianes, de la couleur du dos. Bec, paupières et pieds rouges. Taille : trente et un à trente-deux centimètres.

Habite tout le midi de l'Europe ; rarement et accidentellement en France, le long de la Méditerranée ; et le nord de l'Afrique, surtout en Algérie, où elle est très commune.

Mœurs et habitudes de la Bartavelle, sauf qu'elle fréquente de moindres altitudes ; niche comme elle, et pond quinze à seize œufs ayant les plus grands rapports de coloration avec les siens ; ils sont d'un fauve très clair et comme teintés de rosâtre, clairsemés de taches brunes, et le plus souvent ponctués ou finement pointillés de brun rouge ; ils mesurent quatre centimètres sur trois.

PL. 61. — PERDRIX CHUKAR.

Perdix Chukar (G.-R. Gray).

Mâle adulte : en dessus, gris bleuâtre, teinté de roussâtre sur le dos; front ceint d'un bandeau noir s'étendant d'un œil à l'autre; moustache noire à la commissure, point noir au menton; rémiges brunes bordées de jaune d'ocre; en dessous, joues, gorge, devant du cou blanc roussâtre, rehaussé d'un plastron noir, en forme de fer à cheval renversé; bas du cou et poitrine gris bleuâtre; plumes des flancs du même gris à la base, roux marron à l'extrémité, traversées au centre de deux bandes noires séparées l'une de l'autre par une troisième bande roux blanchâtre. Bec, espace nu derrière les yeux, paupières et pieds rouges; iris noisette. Taille : trente-quatre à trente-cinq centimètres.

Habite l'Europe méridionale et l'Asie jusqu'aux extrémités de la Chine; commune en Grèce, surtout dans l'île de Crète et dans la Turquie d'Europe; commune également en Arménie, en Perse et dans l'Himalaya, où le prince Ch. Bonaparte avait voulu y voir une espèce différente.

Mœurs et habitudes des Perdrix Bartavelle et Gambra; pond de douze à quinze œufs presque en tout semblables à ceux de ces dernières.

Elle se trouve en petit nombre dans les ravins et les basses montagnes stériles, au nord de la rivière Jhelum (Pendjab) dans l'Inde. Les chaînes peu élevées de l'Himalaya occidental sont, d'après M. Adams, ses limites propres; mais elle est assez nombreuse en Perse et dans l'Afghanistan (1).

Dans son voyage en Arménie, Th. Deyrolle la rencontra en assez grand nombre.

(1) Ibis.

2ᵉ GROUPE GÉNÉRIQUE

STARNE, *STARNA* (Bonap.).

Bec moitié de la longueur de la tête, aussi haut que large, moins courbé que dans le groupe *Perdrix;* pointe de la mandibule inférieure se relevant pour rejoindre celle de la supérieure qui la recouvre faiblement; narines basales couvertes d'un opercule; ailes courtes, arrondies, subobtuses, la première rémige très courte, la troisième la plus longue; queue courte, ample et arrondie; tarses de la longueur du doigt médian, qui est uni à l'externe par une faible membrane, squamulés en devant, granulés en arrière et sur les côtés, sans callosités, parfois l'apparence d'une protubérance cornée; ongles faibles et courts, légèrement infléchis; pouce très court, l'ongle touchant à peine le sol. Parfois les plumes du menton allongées en forme de barbe.

Nous avons déjà dit que leur œuf se distingue de celui des Perdrix par une couleur uniforme.

Deux espèces appartiennent à l'Europe.

PL. 62. — STARNE GRISE.

Starna cinerea (Bonap., *ex* Charleton).

Mâle adulte : en dessus, sommet de la tête d'un gris roussâtre nuancé de cendré et varié de traits jaunâtres et noirâtres; dos, croupion et ailes d'un cendré brun avec zigzags et taches noirs; sur les scapulaires et les couvertures une étroite raie blanche suivant la direction de la baguette de chaque plume; grandes rémiges brunes, fasciées de zigzags d'un roux jaunâtre; rectrices latérales uniformément rousses; en dessous, face, sourcils et gorge

d'un roux clair; cou, poitrine et flancs cendrés avec de fines marbrures noires; plumes des flancs marquées de grandes taches
d'un roux rougeâtre; large plaque marron en forme de fer à
cheval sur le haut du ventre. Bec brun olivâtre; iris noisette;
pieds gris; espace nu à l'angle externe de l'œil. Taille : trente
centimètres.

Habite presque toute l'Europe, et fort avant dans le Nord;
l'Asie occidentale et le nord de l'Afrique. Visite même l'Égypte;
commune en France et jusque dans les steppes de la Russie;
presque inconnue dans les crans du Languedoc et de la Provence.

Niche dans les champs, les blés, sous les buissons, sur la terre;
dans une cavité creusée à la surface, et matelassée de feuilles et
d'herbes sèches; pond depuis douze jusqu'à dix-huit et vingt
œufs d'un gris jaunâtre ou verdâtre uniforme, toujours sans la
moindre maculature, parfois même couleur vert d'eau; ils mesurent trois centimètres et demi sur deux et demi.

Se nourrit de toute sorte de semences ou d'herbes, blé vert,
et d'œufs de fourmis.

De toute la famille, la Starne grise est celle dont la légende
est, nous ne dirons pas la plus *douée*, mais la plus riche de faits
biologiques sur ses ruses de chasse pour sauver et défendre au
besoin sa couvée ou ses petits; pour mettre en défaut le chien du
chasseur; sur ses familiarités en domesticité, etc. : toutes choses
qui courent dans les moindres livres depuis Aristote, et que nous
croyons inutile de reproduire.

Elle fréquente de préférence, à l'inverse des vraies Perdrix,
les pays de plaine cultivés, les guérets, etc. Leste à la course,
paresseuse au vol, elle a passé longtemps pour ne percher jamais.

Forcée, elle a, comme ses congénères, assez souvent recours
aux arbres.

La Starne grise émigre parfois en bandes considérables.

La Starne grise présente plusieurs variétés souvent considérées comme espèces, sous les noms de perdrix de Damas, perdrix
de montagnes, etc., et dont la plus discutée est la variété connue

en France sous le nom de *Roquette ;* sans compter les nombreuses variations de plumage, allant du blond isabelle au blanc pur.

PL. 62. — STARNE BARBUE.

Starna barbata (O. des Murs et J. Verreaux).

Mâle adulte : en dessus, d'un brun roux strié et vermiculé de noirâtre ; scapulaires et couvertures supérieures des ailes flamméchées d'une raie blanche suivant la longueur du rachis de chaque plume ; dos et croupion d'un cendré lavé de brunâtre, et régulièrement écaillé de brun noir, les couvertures caudales descendant jusqu'à l'extrémité des rectrices, dont les six latérales sont d'un beau roux uniforme, bordé extérieurement de brun noirâtre ; en dessous, sourcils et face d'un joli fauve ; plumes du menton allongées et ébouriffées en forme de barbe, comme chez les Tétras ; côtés du cou et de la poitrine d'un cendré clair, presque gris de perle, très finement vermiculé, coupés par une bande fauve clair, descendant du menton et allant en s'élargissant jusqu'à l'abdomen, où se dessine un beau fer à cheval noir, dont l'extrémité des branches se perd dans le cendré foncé de la région anale ; plumes des flancs encadrées d'une large bande brun marron, bordée d'une étroite ligne blanche. Bec jaune ; iris brun ; pattes d'un jaune blafard. Taille de trente à trente-deux centimètres.

Habite l'Europe, et spécialement la Pologne, où elle a été découverte ; il y a une vingtaine d'années que nous l'avons fait connaître, décrite et figurée avec notre ami regretté J. Verreaux.

Fréquente les forêts et les bois humides, et a, du reste, les mêmes habitudes et la même manière de vivre que la Starne grise.

3ᵉ FAMILLE

COTURNICINÉS ou CAILLES. — Coturnicinæ.

Longtemps rangés dans la famille précédente, les Coturnicinés, tout en revêtant, à peu de chose près, la robe et en ayant les habitudes analogues, s'en distinguent assez cependant, sous plus d'un rapport, pour mériter de former une famille à part. Elles semblent vivre exclusivement dans l'ancien monde, et ne pas se rencontrer en Amérique. Seulement il se fait que, par suite de la configuration de cet immense continent, qui plonge, de ses extrémités, dans les deux pôles, quelques individus habitent les régions les plus australes du pôle sud, où ils paraissent sédentaires, telles que les îles Malouines ou Falckland, comme il s'en trouve à la Nouvelle-Zélande qui leur est isotherme.

Elles se composent d'une vingtaine d'espèces, et, malgré leur uniformité d'ensemble, on est arrivé à y distinguer cinq principaux groupes : les Cailles proprement dites, les Synoïques, les Perdicules, les Excalfactories pour les espèces éperonnées, et les Pédionomes, dont un seul, le premier, est représenté en Europe.

GROUPE GÉNÉRIQUE UNIQUE
CAILLE, *COTURNIX* (Mœhring).

Bec moitié de la longueur de la tête, un peu plus large que haut à la base, à mandibules égales; narines basales obliques, recouvertes d'une écaille membraneuse; ailes courtes, aiguës, la seconde rémige, presque égale à la première, la plus longue; queue courte, légèrement arrondie, les sus-caudales recouvrant en grande partie les rectrices; tarses de la longueur du doigt médian, minces, unis et sans tubercule, quoiqu'il existe chez un autre groupe exotique; pouce court, ne touchant le sol que par l'extrémité de l'ongle.

Les Cailles sont polygames, batailleuses et voyageuses infatigables; elles se réunissent en grandes bandes pour opérer leurs migrations annuelles; en tout autre temps vivent solitaires et isolées dans les champs.

PL. 63. — CAILLE COMMUNE.

Coturnix communis (Bonnaterre).

Mâle adulte : en dessus, sommet de la tête varié de noir et de roussâtre, avec trois bandes longitudinales d'un blanc fauve, dont deux au-dessus des yeux et une au milieu; dos d'un cendré brun, avec des taches noires et des bandes jaunâtres; sur les scapulaires une autre large bande d'un blanc jaune suivant la direction du rachis; rémiges d'un cendré bordé extérieurement de jaunâtre; en dessous, une tache rousse au menton, entourée de deux bandes brun noirâtre; bas du cou, poitrine et flancs d'un roux clair, avec des raies blanches tout le long des rachis; ventre blanchâtre; rectrices brunâtres rayées transversalement de blanc

jaunâtre. Bec noirâtre; iris noisette; pieds couleur de chair.
Taille : seize à dix-sept centimètres.

Habite l'Europe, l'Asie, l'Afrique, l'extrémité australe de l'Amérique et la Nouvelle-Zélande ; se trouve partout en Europe, principalement sur les côtes de la Méditerranée, dans l'Archipel grec, surtout au moment du passage ; assez commune en France ; se voit dans les Alpes suisses et en Savoie.

Niche dans un petit creux à terre, le plus souvent dans les blés, les champs de sarrasin et les luzernes. Pond de huit à quatorze œufs obtus, d'un fond jaune ocracé, quelquefois brunâtre, semés ou de larges taches ou de petits points de brun noir; ils mesurent trente-trois millimètres sur deux centimètres et demi : leur forme varie parfois jusqu'à celle d'une olive allongée, et alors avec une longueur égale du grand diamètre, le petit ne comporte plus que deux centimètres. Ceux d'Afrique sont un peu plus petits.

La Caille, on vient de le voir, ne diffère guère de la Starne que par la taille, et aussi par l'absence de la nudité rouge de l'œil.

C'est de l'agglomération de ces oiseaux, au départ et à l'arrivée, que l'on profite pour en détruire le plus grand nombre. Des chasseurs assurent que, pendant les belles nuits du printemps, on les entend arriver, et que l'on distingue très bien leur cri, quoiqu'elles soient à une très grande hauteur.

Comme ce passage s'effectue du nord au sud et du sud au nord, d'Europe en Afrique, et réciproquement, il en résulte que nulle part on ne fait une chasse aussi abondante de ce gibier que sur celles de nos côtes qui sont opposées à celles d'Afrique ou d'Asie et dans toutes les îles qui sont entre ces deux.

Avec le caractère jaloux, plutôt que querelleur, que l'on attribue aux Cailles, on n'a pas manqué de les faire battre en public, pour amuser la multitude, ainsi que nous l'avons vu pour les Turnixs; aussi sont-ce les mâles que l'on fait battre entre eux. C'est en Chine et aux Philippines que ce goût est le plus répandu de tout temps. A l'occasion de ces combats, il se fait des gageures considérables, chacun pariant pour son oiseau, comme on fait en Angleterre pour les combats de Coqs.

1^r FAMILLE

FRANCOLININÉS ou FRANCOLINS. — Francolininæ.

Cette section des Perdicidés se distingue des Perdrix proprement dites, avec lesquelles on a souvent confondu les Francolins, par ce que Toussenel qualifie de la monomanie de l'éperon, qui se révèle avec des manifestations plus franches et beaucoup plus accusées chez eux que chez celles-là, puisque quelques espèces en portent jusqu'à deux à chaque pied ; en outre, plusieurs d'entre eux ont le pourtour des yeux ou la gorge dénudés.

Avec des mœurs analogues à celles des Perdrix, et monogames comme elles, ils se partagent, quant aux lieux qu'ils fréquentent, entre les plaines humides et marécageuses, ou les bois, pour quelques-uns qui perchent la nuit, et les sables ou les terres pierreuses et arides, pour la plupart.

On y a distingué, à raison des caractères principaux qui précèdent, six groupes génériques : Francolins proprement dits, Péliperdrix, Ortygornis, Rhizothères, Pternistes, Chétops et Margaroperdrix, que nous confondons en un seul.

Tous appartiennent à l'ancien monde, principalement et presque exclusivement à l'Asie, ainsi qu'à l'Afrique, leur vrai centre d'expansion.

GROUPE GÉNÉRIQUE UNIQUE
FRANCOLIN, *FRANCOLINUS* (Steph.).

Bec moitié de la longueur de la tête, robuste, plus large que haut à la base qui est nue, à mandibule supérieure voûtée, convexe, fortement recourbé chez la plupart des espèces à la pointe, qui dépasse notablement et recouvre celle de la mandibule inférieure; narines basales, latérales, à moitié fermées par une membrane voûtée et nue; ailes courtes, subobtuses, les trois premières rémiges, les plus courtes, également étagées, la quatrième et la cinquième les plus longues; queue courte, arrondie, inclinée vers la terre; tarses de la longueur du doigt médian, largement squamulés en devant et sur les côtés, réticulés en arrière, armés d'un ou de deux forts éperons; doigts unis à la base par une courte membrane; ongles courts, courbés et pointus, celui du pouce touchant à terre.

Ils piochent généralement plus la terre avec leur bec qu'ils ne pâturent, quoique partageant tous les modes d'alimentation des Perdrix.

On en compte aujourd'hui une trentaine d'espèces.
Une seule appartient à l'Europe.

PL. 64. — FRANCOLIN VULGAIRE ou A COLLIER ROUX.
Francolinus vulgaris (Stephen).

Mâle adulte : en dessus, plumes du haut de la tête et de la nuque noires, bordées de brun jaunâtre, tachetées de blanc au bas de la nuque ; au-dessous des yeux une large bande blanche. couvrant la joue et l'orifice des oreilles ; derrière du cou, dos et croupion rayés de noir et de blanc ; base des plumes de la queue rayée de même, le reste d'un noir profond ; ailes brunes, avec des raies et des taches rousses ; en dessous, large collier marron entourant le cou ; côtés de la tête, front, une bande sourcilière, gorge et toutes les parties inférieures d'un noir intense ; grandes taches ovalaires blanches sur les flancs. Bec noir ; iris châtain ; pieds rougeâtres, éperons bruns. Taille : trente à trente-deux centimètres.

Habite l'Europe méridionale, en Sicile, dans l'île de Candie, une grande partie de l'Archipel et dans la Turquie d'Europe ; toute l'Asie et toute la partie septentrionale de l'Afrique.

Niche au pied des bouleaux, dans des buissons, en creusant, à fleur de terre, un petit trou qu'il tapisse de feuilles sèches, de foin ou de paille ; et pond de douze à quatorze œufs d'un gris plus ou moins jaunâtre ou olivâtre, uniforme et sans taches ; ils mesurent quatre centimètres sur trois.

Se nourrit de grains et de semences, et, dans certains terrains, de rhizones qu'il déterre avec son bec.

On est resté longtemps dans l'ignorance des habitudes du Francolin. Le premier de ce siècle auquel on en doive quelques détails est Biberon, que nous avons tous connu, et qui a si vite et si regrettablement manqué à la science.

Dès 1825, alors modeste préparateur au Muséum d'histoire naturelle de Paris, il venait, en cette qualité, de faire un fructueux voyage en Sicile où, dans ses loisirs d'erpétologiste, il s'était aussi occupé d'ornithologie.

Or, il rapporte que le Francolin habite la partie la plus méridionale de la Sicile ; qu'il ne l'a rencontré qu'entre Castagirone et Terra-Nova ; qu'il ne l'a vu nulle autre part ; et que sa rareté est telle que, malgré ses chasses assidues pendant vingt jours, il n'a pu s'en procurer que six individus.

D'après les renseignements que Biberon a pu obtenir d'autres chasseurs, la femelle pond de huit à douze œufs, qu'elle dépose dans un nid construit à terre avec des brins d'herbe et des branches sèches.

Il paraît que, jadis, l'espèce habitait la Corse, où on la connaissait sous le nom de *Faisan de marais*, ce qui offre un singulier rapport avec celui de *Perdrix de marais*, qu'on lui donnait à Samos, au dire de Tournefort.

3ᵉ TRIBU

GALLIDÉS, *GALLIDÆ*.

Les Gallidés sont, de tous les oiseaux de l'ordre, ceux qui portent le plumage le plus riche et le plus varié en couleurs. Tous passent pour originaires de l'Asie, tous, au surplus, appartiennent à l'ancien continent. Leurs caractères organiques généraux ne sont que l'amplification de ceux des tribus précédentes, avec quelques ornements en plus soit à la tête, soit à la queue. Ils n'en diffèrent que par un de leurs caractères oologiques, leur œuf étant unicolore et sans taches.

Ils se divisent en deux familles : les Phasianinés ou Faisans, et les Gallinés ou Coqs.

1ʳᵉ FAMILLE

PHASIANINÉS ou FAISANS. — Phasianinæ (G.-R. Gray).

La famille des Phasianinés exagèrent la richesse et la variété de couleurs, apanage de la tribu. Tous originaires de l'Asie, dont ils n'ont pas franchi la limite, à l'exception d'une seule espèce, qui s'est naturalisée plutôt que domestiquée partout en Europe, et qui a donné son nom à la famille. Ils sont, du reste, les plus aptes à la domestication.

Il suffit de prononcer ce nom de Faisan pour se reporter par le souvenir à son lieu d'origine. Le Faisan, c'est-à-dire l'oiseau du Phase, était, dit-on, confiné dans la Colchide, aujourd'hui la Mingrélie, avant l'expédition des Argonautes.

Encore aujourd'hui, c'est de cette contrée, et surtout des régions montagneuses de l'Asie centrale que, comme d'autres mines de Golconde, proviennent les espèces nouvelles qu'y découvrent

·les voyageurs. C'est dans les régions indiennes, dit M. Sclaters, que les oiseaux de cette nombreuse famille ont atteint le plus grand développement; c'est là qu'on trouve les formes les plus prononcées et les plus splendides.

Tous, à une exception près, portent au tarse un ou plusieurs éperons, et tous sont plus ou moins polygames.

Ils peuvent se diviser en huit groupes, quoique la méthode en reconnaisse jusqu'à quatorze : Ithagines; Faisans proprement dits; Eulophes; Euplocomes; Gallophases; Houppifères ; Trago-pans et Crossoptilons. Nous ne nous y arrêterons pas, un seul, celui des Faisans, étant représenté en Europe, les autres lui étant étrangers.

GROUPE GÉNÉRIQUE UNIQUE

FAISAN, *PHASIANUS* (Linn.).

Bec moitié de la longueur de la tête, un peu plus large que haut à la base qui est nue, fort, à mandibule supérieure convexe, courbé vers la pointe qui dépasse l'inférieure, mais sans être crochue, celle-ci renflée et se relevant vers l'autre; narines basales, latérales, recouvertes par une membrane voûtée; tour des yeux et joues recouverts d'une membrane papilleuse; ailes courtes, concaves, subobtuses; la première rémige de beaucoup plus courte que les deuxième et troisième, les quatrième et cinquième les plus longues; queue très allongée, disposée en toit, terminée en pointe, les rectrices médianes dépassant de beaucoup les latérales; tarses largement scutellés en avant et en arrière, réticulés sur les côtés, robustes, armés d'un fort éperon chez le mâle, de la longueur du doigt médian qui est uni par une membrane aux deux autres jusqu'à la première articulation, le pouce ne portant à terre que par son extrémité; ongles courts et légèrement courbés.

Les oreilles ornées, chez le mâle, d'un faisceau de plumes érectiles.

Une seule espèce.

PL. 65. — FAISAN DE COLCHIDE.

Phasianus colchicus (Linné).

Mâle adulte, au printemps : en dessus, tête et cou d'un vert doré métallique, à reflets bleus et violets, avec deux bouquets de plumes du même vert partant de chaque côté de l'occiput, où ils ne se développent qu'au temps des amours; large plaque verruqueuse rouge écarlate entourant les yeux et les joues; plumes des scapulaires et du dos brunes dans leur milieu, bordées de marron pourpré avec une bande blanchâtre; rémiges brunes; queue gris olivâtre, variée de raies transversales noires, frangées de marron pourpré; en dessous, bas du cou, poitrine, ventre et flancs écaillés de marron pourpré très brillant, bordés et terminés de violet noirâtre. Bec couleur de corne; iris d'un jaune rougeâtre; pieds et éperons gris brun. Taille : quatre-vingt-cinq à quatre-vingt-sept centimètres.

Femelle : plus petite; à plumage mélangé de brun, de gris, de roussâtre et de noirâtre. Elle a la queue plus courte, et ne porte ni les oreillons ni l'éperon.

Offre plusieurs variétés issues d'hybrides, dont une a été parfois considérée comme espèce sous le nom de *Faisan à collier*, à cause d'un collier blanc qu'elle porte au bas du cou.

Depuis longtemps acclimatée et naturalisée en Europe, se trouve dans plusieurs contrées boisées de l'Allemagne, de la France, de l'Angleterre, et même en Hollande ; à l'état sauvage également et commun dans les îles du Danube, sur les bords du Pont-Euxin, et au milieu des steppes.

Niche à terre, sous les buissons fourrés; pond de douze à quatorze œufs d'un gris olivâtre, plus ou moins clair, uniforme et sans taches; ils mesurent près de quatre centimètres et demi sur trois et demi.

Il se nourrit de toutes sortes de graines, de semences, de glands et de maïs entre autres, des baies et des bourgeons, habituellement de limaçons et de gros insectes, sans négliger les fourmis.

2ᵉ FAMILLE

GALLINÉS ou COQS. — Gallinæ (Linn.).

Nous croirions la faune ornithologique d'Europe incomplète si nous n'y faisions figurer le Coq, puisqu'il est la seule justification étymologique du nom donné à l'ordre d'abord, puis à la tribu des Gallinacés ; et que, d'ailleurs, il est assez répandu en Europe, pour en être considéré comme autochthone, ou un des premiers habitants ailés.

La famille des Coqs est celle qui renferme le moins d'espèces et le plus de races et de variétés, par suite de la dissémination des types primitifs, et de leur facile retour à l'état sauvage, partout où ils ont été transportés.

Aujourd'hui que la paléontologie a ouvert les routes de la science, il est plus que permis de douter que la souche originaire du Coq domestique soit issue de l'Inde, berceau de toute la famille des Faisans.

En effet, d'après tous les faits paléontologiques, le Coq paraît avoir toujours vécu dans l'Europe occidentale, et y avoir laissé ses débris dans des couches antérieures aux temps historiques.

En cet état de la question et à titre de concession aux partisans de l'origine indienne du Coq, nous prendrons pour type celui que, dans leurs idées, ils sont d'accord à reconnaître, le Coq de Bankiva, puisque ce type prétendu primitif se reproduit, comme l'observe Toussenel, tous les jours, sans la moindre altération sous nos yeux.

GROUPE GÉNÉRIQUE UNIQUE
COQ, *GALLUS* (Linn.).

Bec moitié de la longueur de la tête, voûté, courbé jusqu'à la pointe, qui dépasse celle de la mandibule inférieure:
tour des yeux, face et gorge généralement nus, recouverts
d'une membrane charnue plus ou moins papilleuse; tête
le plus ordinairement surmontée, de la base du bec à l'occiput, d'une crête charnue, dentelée sur ses bords, vascu-
laire; cette crête, remplacée tantôt par une réunion de membranes charnues, formant rosette saillante au sommet de
l'occiput, tantôt par une couronne de plumes effilées et
allongées, s'épanouissant en large panache retombant sur
les yeux; deux pendeloques membraneuses ou fanons pendant des deux côtés de la commissure, d'où elles sont quelquefois absentes; narines basales elliptiques; ailes arrondies, concaves, courtes, subobtuses, les cinquième, sixième,
septième et huitième rémiges égales, les plus longues;
queue courte, en toit, relevée, les deux rectrices médianes
dépassant de beaucoup en hauteur les latérales, retombant
en arc de cercle et flottant en deux rubans; tarses vigou-
reux, élancés, recouverts en devant, ainsi que le dessus des
doigts, de larges squamelles, de la longueur du doigt médian, qui est uni aux deux latéraux par une courte membrane, armés d'un fort éperon légèrement recourbé en haut
et acéré; pouce reposant presque entièrement à terre; ongles
médiocres, faiblement infléchis et pointus.

COQ BANKIVA.

Gallus ferrugineus (Temminck).

Il a le bec voûté, court et robuste, le sommet de la tête orné d'une crête de chair dentelée, simple et longitudinale, colorée d'un rouge vif, avec un fanon très court et de même couleur au menton, plus deux barbillons écarlates s'échappant de la base de la mandibule inférieure ; son cou est couvert d'une housse mobile de plumes rutilantes qui lui retombe sur les épaules et lui couvre la poitrine ; le dos porte un manteau rouge roux à reflets métalliques. Sa queue, inégale, tectiforme, relevée en panache, est remarquable par la dimension et la forme des deux pennes caudales intérieures, qui sont de couleur verte, dépassent considérablement les autres en hauteur et retombent en une courbe gracieuse ; plastron verdâtre à reflets cuivreux. Taille un peu plus petite que celle du Faisan commun.

C'est, dit Toussenel, à qui nous en empruntons la description, le modèle qui se reproduit le plus fréquemment dans les basses-cours de nos fermes, et il est très probable que ce costume reprendrait promptement le dessus et redeviendrait promptement l'uniforme officiel de l'espèce, si on la rendait à la liberté. Le Coq Bankiva a considérablement gagné en volume par la domesticité ; c'est le contraire de ce qui a eu lieu pour le Dindon d'Amérique.

La femelle, d'après de la Gironière, a le plumage noir, mêlé d'un peu de gris et de jaune.

Mais si les formes dés espèces sauvages de l'Inde sont bien connues et ont été exactement décrites, il ne paraît pas que leurs mœurs aient été aussi bien étudiées. Tout ce qu'on a appris par Leschenault, c'est que le Coq Bankiva sauvage prend soin de ses poules comme le Coq domestique.

Des habitudes du Coq si connues, nous n'aurons rien à dire. Par les ressources alimentaires qu'il nous procure, ainsi que la Poule, pour la chair et les œufs, il mérite, à tous les points de vue, de figurer sur la liste des oiseaux d'Europe. Qu'il suffise de savoir que c'est par vingtaine de millions, chaque année, que s'opère le commerce seul des œufs.

Au sujet de la couleur normale de l'œuf de nos Poules domestiques, on sait que cette couleur est le blanc. Cependant, les croisements successifs opérés par le fait de l'homme ou celui de la nature, des diverses variétés dont elles se composent, avec d'autres races étrangères, telles que celles de Sonnerat, de Cochinchine, de Brahma-Poutrah, nous ont procuré des œufs d'un autre caractère de coloration, c'est-à-dire d'une couleur nankin, ou café au lait, avec accession de taches arrondies d'un rouge plus ou moins sanguin ; ce qui est déjà une déviation assez importante du type ovarien de la Poule.

Cette déviation chez une nouvelle race de Poule, dont nous allons dire un mot, la poule de Langshan, s'accentue sous un cachet tellement à part, qu'il est permis d'hésiter à ne l'envisager que comme simple variété.

Les œufs, de très bonne grosseur, lorsqu'ils proviennent de sujets adultes, sont, chose remarquable, de couleur *brun chocolat foncé ;* ils sont délicats au goût et la ponte est abondante.

A la suite de ce type, et comme sa consécration, nous inscrirons donc celui auquel nous conservons son nom le plus habituel et connu de tous.

Toute description serait superflue, puisque les innombrables croisements auxquels il s'est plié ont rendu toute description spéciale inutile, pour ne pas dire impossible ; et nous nous bornerons aux quelques généralités qui le concernent.

Tout le monde, d'ailleurs, a présentes à l'esprit les belles pages de Buffon et de Montbeillard à son sujet.

Le Coq est un oiseau pesant, dont la démarche est grave et lente, et qui, ayant les ailes fort courtes, ne vole que rarement, et, quelquefois, avec des cris qui expriment l'effort. Il chante indifféremment la nuit et le jour, mais non pas régulièrement à certaines heures ; et le plus souvent dans le silence de la nuit, c'est pour répondre au chant lointain, imperceptible pour nos oreilles, d'un autre Coq. Il gratte la terre pour chercher sa nourriture ; il avale autant de petits cailloux que de grains, et n'en digère que mieux ; il boit en prenant de l'eau dans son bec et levant la tête à chaque fois pour l'avaler.

Les hommes qui tirent parti de tout pour leur amusement, ajoute Montbeillard, ont bien su mettre en œuvre cette antipathie invincible que la nature a établie entre un Coq et un Coq ; ils y ont cultivé cette haine innée avec tant d'art, que les combats des deux oiseaux de basse-cour sont devenus des spectacles dignes d'intéresser la curiosité des peuples, même des peuples polis, et en même temps des moyens de développer ou entretenir dans les âmes cette précieuse férocité qui est, dit-on, le germe de l'héroïsme.

Pour ce qui est de la Poule, l'ardeur soutenue qu'elle montre pour l'incubation en fait l'oiseau de reproduction le plus précieux. Ce talent incubateur, ou plutôt cette passion est telle, qu'on a fait de la Poule une véritable machine à couver, la couveuse universelle de tous les oiseaux, à quelques familles ou à quelque ordre même qu'ils appartiennent. C'est au point qu'on semble avoir pris à tâche de lui faire passer en revue toute la classe de ces vertébrés, depuis les oiseaux nageurs jusqu'aux oiseaux de proie, tels que le Condor.

Mais ceci n'est que le côté physiologique de la Poule. Il est une autre face sous laquelle elle mérite d'être envisagée : c'est celle de son utilité dans l'économie domestique ; la Poule est en effet le plus constant et le plus fécond de tous les producteurs de basses-cours. Il ne faut pas oublier qu'une Poule peut fournir, en moyenne, jusqu'à cent vingt œufs par année. Qu'on juge par là de quelle ressource cette denrée alimentaire peut être, non seulement pour l'homme, mais pour le commerce.

FIN DES OISEAUX DE TERRE

TABLE ALPHABÉTIQUE

DES MATIÈRES—DES NOMS D'AUTEURS—DES CHROMOTYPOGRAPHIES
DES NOMS FRANÇAIS, VULGAIRES, ÉTRANGERS ET LATINS
D'OISEAUX, CONTENUS DANS CE VOLUME

Pl.		Pages.
	Actitis (Groupe générique).... 43,	48
	— *hypoleucos*	48
	Actiturus (Groupe générique)	43
	Actodrômes (Groupe générique)	50
	Actodromus (Groupe générique)	51
	— *minutus*	51
	Adams (Ornithologiste)	149
	Ægiale (Groupe générique)	83
	Ægialites (Groupe générique)	86
	Aigrettes (Groupe générique)	9
	Ammoperdrix (Famille)	144
	Ancylocheiles (Groupe générique).	50
	Ancylocheilus subarquatus	57
	Anharhynque (Groupe générique).	67
	Anomies (Moll.)	80
	Anthropoides	26
	Anthropomime (Nom vulgaire)	27
	Arames (Groupe générique)	102
	Aramides (Groupe générique)	102
	Arboricoles (Famille)	144
	Arcalopax (Groupe générique)	63
	Ardea (Groupe générique) 9,	10
	— *alba*	13
	— *ciconia*	21
1	— *cinerea*	10
3	— *egretta*	13
4	— *garzetta*	13
5	— *minuta*	15
	— *nigra*	23
7	— *nycticorax*	16
2	— *purpurea*	12
	— *ralloïdes*	14
6	— *stellaris*	13
	— *virgo*	26
	Ardeinæ (Famille) 7,	8
	Ardéinés (Famille) 7,	8
	Ardeola (Groupe générique)	9
	— *minuta*	15
	Argonautes	160
	Aristote (Naturaliste)	151
	Arquatella (Groupe générique)	55
	Arquatelles (Groupe générique)	50
	Avocette (Groupe générique)	37
16	— à nuque noire	37
	Avocettes (Famille)	32
	Back-Back (Nom vulgaire du cri des poules de bruyère)	139
	Baillon (Ornithologiste)	65
	Baladin (Nom vulgaire)	27
	Baldamus (Ornithologiste)	113
	Balzer (Nom vulgaire allemand du cri du grand coq de bruyère)	139
	Barge (Groupe générique)	68
31	— à queue noire	68
31	— rousse	69
	Barges (Famille)	66
	Barthélemy de la Pommeraye (Ornithologiste)	95
	Bartramies (Groupe générique)	43
	Bécasse (Groupe générique)	64
30	— ordinaire	64
	Bécasseau (Groupe générique)	51
26	— brunette	56
25	— canut	56
26	— cocorli	57
22	— combattant	51
27	— des sables	58

II.

Pl. / Pages.

24 Bécasseau échasse 54
25 — maritime 55
25 — maubêche 56
24 — minule 54
23 — platyrhynque 53
27 — sanderling 58
24 — temmia 53
28 — tourne-pierre 58
26 — variable 56
Bécasseaux (Famille) 32, 50
Bécasses (Famille) 32
Bécassine (Groupe générique) 61
20 — grande 61
29 — ordinaire 62
30 — petite 63
30 — sourde 63
Bécassines (Famille) 32
Bechstein (Ornithologiste) ... : 20, 104
Belon (Ornithologiste) 42
Biberon (Naturaliste) 112, 158
Bienses (Groupe générique) 102
Bihoreau (Groupe générique) ... 9, 16
Blongios (Groupe générique) 9
Bonaparte Ch. (Ornithologiste), 89,
123 149
Bonasa scotica 132
Bonasies (Groupe générique) 133
Botaurus (Groupe générique) 13
— stellaris.. 13
Brehm (Ornithologiste) 56
Buffon (Naturaliste), 80, 83, 88,
109, 116, 118 167
Buphus (Groupe générique) 13
— comatus 14
Burhins (Groupe générique) 80
Butor (Groupe générique) 9

Caccabis (Famille) 144
Cænocoryphés (Groupe générique) . 60
Caille (Groupe générique) 134
63 — commune 134
Cailles 153
— (Famille) 133
Calidris (Groupe générique) .. 30, 58
— arenaria 58
Canacés (Groupe générique) 133
Cannepétières (Groupe générique) . 113
Cantraine (Ornithologiste) 112

Canuts (Groupe générique) 50
Canutus (Groupe générique) 56
Carus (Anatomiste) 122
Carvanaces (Groupe générique) ... 89
Casoars (Famille) 109
Casuarinés (Famille) 109
Centrocerques (Groupe générique) . 133
Césarornis (Groupe générique) 99
Charadriidæ (Tribu) 5, 73
Charadriidés (Tribu) 5, 73
Charadriinæ (Famille) 83
Charadriinés (Famille) 83
Charadrius (Groupe générique) .. 84
38 — cantianus 88
37 — hiaticula 86
37 — minor 87
36 — Morinellus 85
36 — pluvialis 84
Chavarias (Famille) 109
Chétops (Groupe générique) 156
Chetusa (Groupe générique) 89
— gregaria 89
— leucura. 90
Chevalier (Nom vulgaire) 42
— (Groupe générique) .. . 44
18 — aboyeur 44
19 — à pieds rouges 46
18 — arlequin 45
18 — brun 45
20 — cul-blanc 47
19 — gambette 46
18 — gris 44
21 — guignette 48
19 — stagnatile ou à pieds
verts 46
21 — Sylvain 49
Chioninés (Famille) 109
Chionis (Groupe générique) 109
Choriotis (Groupe générique) 113
Chourstha (Groupe générique) 113
Ciconia (Groupe générique) 21
9 — alba 21
10 — nigra 22
Ciconiinæ (Famille) 7, 19
Ciconiinés (Famille) 7, 19
Cigogne (Groupe générique) 21
9 — blanche 21
10 — noire 22

Pl.		Pages.
	Cigognes (Famille)	19
	Cirrépidesme (Groupe générique)	83
	Cladorhynques (Groupe générique)	70
	Collins (Famille)	119
	Comalotis (Groupe générique)	113
	Combattant (Groupe générique)	50
	Comédien (Nom vulgaire)	27
	Condor	168
	Coq (Groupe générique)	165
	— Bankiva 164,	166
	— de bouleau (Nom vulgaire)	137
	— de bruyère (grand)	138
	— de bruyère américain	123
	Coréthures (Groupe générique)	101
	Coturniceps (Groupe générique)	101
	Coturnicinæ (Famille)	153
	Coturnicinés (Famille)	153
	Coturnix (Groupe générique)	154
63	— communis	
	Courlans (Groupe générique)	102
	Courlis (Famille)	32
10	— à bec grêle	35
11	— cendré	33
13	— corlieu	34
	Court-Vite (Famille)	109
	Crespon (Ornithologiste) 38,	72
	Crex (Groupe générique)	101
	Crexs (Groupe générique)	101
	Crossoptilons (Groupe générique)	161
	Crouzat de Salvière (Baron) (Chasseur naturaliste)	34
	Cullen (Docteur) (Ornithologiste)	116
	Cuphlons (Groupe générique)	133
	Cursorinés (Famille)	109
	Cuvier (G.) (de l'Institut)	35
	Danseur (Nom vulgaire)	27
	Degland (Docteur) (Ornithologiste)	70
	De Lamotte (Ornithologiste)	72
	Demoiselle (Nom vulgaire)	27
	Desfontaines (Naturaliste)	111
	Deyrolle (Naturaliste)	119
	Douglas (Docteur) (Ornithologiste)	116
	Drômes (Groupe générique)	80
	Echasse (Groupe générique)	71
32	— à manteau noir	71
	Echasses (Famille)	70

Pl.		Pages.
	Echassiers (Ordre)	7
	— coureurs (Tribu)	109
	Egretta (Groupe générique)	9
	— alba	13
	— garzetta	13
	Ereunettes (Groupe générique)	50
	Erythroscèles (Groupe générique)	43
	Erythroscelus (Groupe générique)	45
	Esaques (Groupe générique)	80
	Eulophes (Groupe générique)	161
	Euplocomes (Groupe générique)	161
	Eupodotis (Groupe générique)	113
	— (Groupe générique)	113
	Eurynorhynques (Groupe génér.)	50
	Euryzones (Groupe générique)	102
	Evans (Voyageur naturaliste) 55,	131
	Excalfactories (Groupe générique)	153
	Faisan (Groupe générique)	162
	— à collier	163
65	— de Colchide	162
	— de marais (Nom vulgaire)	159
	Faisans (Famille)	160
13	Falcinelle éclatant	29
	Falcinellus (Groupe générique)	29
13	Falcinellus igneus	29
	Flamants	92
	Foulque (Groupe générique)	95
40	— à crête	96
40	— noire	95
	Foulques (Famille)	93
	Francolin (Groupe générique)	157
64	— vulgaire	157
	Francolininæ (Famille)	156
	Francolininés (Famille)	156
	Francolins (Famille)	110
	Francolinus (Groupe générique)	157
64	— vulgaris	157
	Franklin (Docteur) (Ornitholog.)	115
	Fulica (Groupe générique)	95
40	— atra	95
40	— cristata	96
	Fulicidæ (Tribu) 5.	92
	Fulicidés (Tribu) 5.	92
	Fulicinæ (Famille)	93
	Fulicinés (Famille)	93
	Galachrysien (Groupe générique)	71

Pl.		Pages.
	Gallidæ (Tribu).................	160
	Gallidés (Tribu).....	160
	Gallinacéidés (Tribu)...........	122
	Gallinacés (Tribu)........	122
	Gallinæ (Groupe générique)......	104
	Gallinago (Groupe générique)....	61
30	— *gallinula*.............	63
29	— *major*.	61
29	— *scolopacinus*	62
	Gallinés (Groupe générique)......	104
	Gallinula (Groupe générique)....	98
41	— *chloropus*...........	98
	Gallinulinæ (Famille)...........	97
	Gallinulinés (Famille).	97
	Galloperdrix (Famille)...........	140
	Gallophases (Groupe générique)..	161
	Gallus (Groupe générique).......	165
	— *ferrugineus*............	166
	Gambetta (Groupe générique)....	46
	Gambette (Nom vulgaire)........	46
	Gambettes (Groupe générique)....	43
	Ganga (Groupe générique).......	127
51	— *cata*.............	128
50	— *unibande*..............	127
	Gangas (Famille)................	123
	Gelinotte du Canada	131
	Gelinottes (Groupe générique)....	133
	Gerbe (Ornithologiste).... 80, 86,	147
	Gessner (Ornithologiste).........	45
	Gironnière (De la) (Voyageur naturaliste)	166
	Glaber (Ornithologiste)..........	143
	Glareola (Groupe générique). ...	75
	— *pratincola*	75
33	— *torquata*	75
33	Glaréole à collier	75
	Glaréoles (Famille)..............	73
	Glareolinæ (Famille)............	73
	Glaréolinés (Famille)	73
	Glottis (Groupe générique).......	43
	— *natans*.................	44
	Gmelin (Naturaliste)...... 65, 83,	88
	Goëlands......................	92
	Grallæ (Ordre).................	7
	Gralles (Tribu)................	109
	Grallidæ (Tribu)............ 5,	109
	Grallidés (Tribu)	5
	Gravelot (Groupe générique)......	83

Pl.		Pages
	Gray (G.-R.) (Naturaliste)...	111
	Grouses (Nom vulgaire)......... .	123
11	Grue cendrée......	25
12	— de Numidie.................	26
	— ses danses	27
	Grues (Famille)............... 7,	23
	Gruinæ (Famille)............. 7,	23
11	*Grus cinerea*...................	25
12	— *numidica*	26
	Guignard (Groupe générique).....	83
	Guignettes (Groupe générique)....	23
	Hæmatopodinæ (Famille)........	78
	Hæmatopodinés (Famille)........	78
34	*Hæmatopus ostralegus*..........	79
	Hapburnies (Famille)	140
	Hémipalames (Groupe générique)..	80
	Héron (Groupe générique).......	10
3	— aigrette............	13
7	— bihoreau	16
5	— blongios................	15
1	— cendré	10
	— crâbier............	14
4	— garzette............... ..	13
6	— grand butor............	15
2	— pourpré.................	12
	Héronnières	11
	Herons (Famille)...............	8
	Himantopodinæ (Famille)........	70
	Himantopodinés (Famille)...	70
32	*Himantopus melanopterus*	71
	Hirondelles de mer.............	92
	Hirundo pratincola.............	75
	Holodrômes (Groupe générique)...	43
	Holodromus (Groupe générique)..	47
	Houppifères (Groupe générique)..	161
	Hubara (Groupe générique)......	113
	Huitrier (Groupe générique).... .	79
34	— Pie.............	79
	Huitriers (Famille).......	78
	Hydrionies (Groupe générique)...	99
	Hypoténidies (Groupe générique)..	102
13	Ibis falcinelle............	29
	— sacré	27
	Illiger (Ornithologiste)....... 58,	59
	Ithagines (Groupe générique).....	161

Pl. | Pages.

Kamichi (Famille)............... 109
Kaup (Ornithologiste) 45, 54
Koch (Ornithologiste)........... 44

Lacroix, de Toulouse (Ornithologiste)...................... 128
Lagopède (Groupe générique)..... 129
52-53 — blanc............... 130
55 — d'Écosse............. 132
— de la baie d'Hudson... 131
54 — Ptarmigan... 131
Lagopèdes (Famille)............ 129
Lagopedinæ (Famille)........... 129
Lagopédinés (Famille)........... 129
Lagopus (Groupe générique)..... 130
52-53 — albus............... 130
54 — mutus............... 131
55 — scoticus............. 132
Latérirales (Groupe générique)... 102
Leach (Ornithologiste)...... 106, 117
Leimonites (Groupe générique)... 50
Leimonites Temminckii......... 53
Lerwées (Famille).............. 110
Leucopolies (Groupe générique).. 83
Léwinies (Groupe générique)..... 102
Lherminier (Docteur) (Ornithologiste)...................... 110
Litford, Lord (Ornithologiste).... 113
Limicola pygmæa 53
Limicoles (Groupe générique)..... 50
Limosa (Groupe générique)... .. 68
— grisea 44
31 — œgocephala 68
31 — rufa................. 69
Limosinæ (Famille)............. 63
Limosinés (Famille).......... 68
Linné (Naturaliste), 60, 80, 83,
88, 101 137
Lissotis (Groupe générique)....... 113
Lobipes (Groupe générique)...... 41
Lophophores (Famille)........... 111
Lophotis (Groupe générique)..... 113
Lupha (Groupe générique)....... 96
Lymnocryptes (Groupe générique). 60
Lyrure........................ 133
Lyrurus (Groupe générique)...... 136

Machètes (Groupe générique)..... 50

Pl. | Pages.

Machetes (Groupe générique)..... 50
— pugnax 51
Macroramphes (Groupe générique). 60
40 Macroule.................... 95
Margaroperdrix (Groupe génér.).. 156
Marouettes (Groupe générique)... 102
Maubêches (Groupe générique).... 50
Meezemaker (Ornithologiste)..... 72
Megaloperdrix (Groupe générique). 143
Meyer (Ornithologiste)........... 75
Miannée de Saint-Firmin (Ornithologiste), 34, 48................ 82
Michelet (Historien)............. 109
Micropyges (Groupe générique)... 101
Montbeillard, Guéneau de (Ornithologiste), 26, 118, 167... .. 168
Morinelle (Groupe générique)..... 83
Morinellus sibiricus............ 85
Motschoulsky (Ornithologiste).... 143
Mustélirales (Groupe générique).. 102

Némoricoles (Groupe générique).. 60
Néoménie (Astronomie).......... 32
Nordmann (Ornithologiste)... 77, 116
Numeniinæ (Famille)............ 32
Numenius (Groupe générique).... 33
14 — arquatus............ 33
15 — phæopus............. 34
16 — tenuirostris.......... 35
Nycticorax (Groupe générique), 9, 16
Nycticorax europæus 16

Octhodrôme (Groupe générique).. 83
Œdicnème (Groupe générique)... 81
35 — criard............. 81
Œdicnèmes (Famille)........... 80
Œdicneminæ (Famille)......... 80
Œdicnéminés (Famille)......... 80
Œdicnemus (Groupe générique).. 81
35 — crepitans.......... 80
Oiseaux de rivage.......... 1, 3, 7
Oreias (Groupe générique)....... 132
Oréophiles (Groupe générique)... 43
Ortygomètres (Groupe générique). 101
Ortygornis (Groupe générique) ... 156
Otidinæ (Famille)............... 112
Otidinés (Famille).............. 112
47 Otis tarda....... ....•.. 111

Pl.		Pages.
48	*Otis tetrax*	117
	Outarde (Petite)	117
47	— barbue	114
48	— cannepétière	117
	Oxyèque (Groupe générique)	83
	Palamédeinés (Famille)	109
	Pallas (Naturaliste) 77,	126
	Parasile (Nom vulgaire)	27
	Pardirales (Groupe générique)	102
	Pédionomes (Groupe générique)	133
	— *cinclus*	56
	— *minuta*	54
	Pelidna platyrhyncha	53
	— *Temminckii*	53
	Pélidnes (Groupe générique)	50
	Péliperdrix (Groupe générique)	156
	Perdicules (Groupe générique)	153
61	*Perdix chukar*	149
61	— *petrosa*	148
60	— *rubra*	145
60	— *saxatilis*	147
60	Perdrix bartavelle	147
61	— chukar	149
	— de Damas	151
	Perdrix de marais (Nom vulg.)	150
	Perdrix de montagnes	151
61	— gambra	148
60	— rouge	145
	Phalarope (Groupe générique)	40
17	— fulicaire ou dentelé	40
17	— hyperboré	41
	Phalaropes (Famille) 32,	38
	Phalaropodinæ (Famille)	38
	Phalaropodinés (Famille)	38
	Phalaropus (Groupe générique)	40
17	— *fulicarius*	40
17	— *hyperboreus*	41
	Phasianinæ (Famille)	160
	Phasianinés (Famille)	160
	Phasianus (Groupe générique)	162
63	— *colchicus*	162
	Phégornis (Groupe générique)	43
	Philolimnées (Groupe générique)	60
	Philolimnos (Groupe générique)	63
	Platalea (Groupe générique)	18
8	— *leucorodia*	18
	Plataleinæ (Famille)	7

Pl.		Pages.
	Plataléinés (Famille)	7
	Platibis (Groupe générique)	17
	Plongeons (Famille)	93
	Pluvialis (Groupe générique)	81
	Pluvials (Groupe générique)	83
	Pluvialis apricarius	84
	Pluvier (Groupe générique)	84
37	— (Grand) à collier	86
37	— (Petit) à collier	86
38	— à collier interrompu	88
36	— doré	84
36	— guignard	85
	Pluviers proprement dits (Famille)	83
	Pluviorhynque (Groupe générique)	83
	Porphyrio (Groupe générique)	100
42	— *veterum*	100
	Porphyrion (Groupe générique)	100
42	— bleu	100
	Porphyrioninæ (Famille)	99
	Porphyrioninés (Famille)	99
	Porphyrions (Famille)	99
	Porphyrules (Groupe générique)	99
	Porzana (Groupe générique)	103
	Porzanes (Groupe générique)	101
	Poule d'eau (Groupe générique)	98
	— — (Tribu)	92
41	— — d'Europe	98
41	— — ordinaire	98
	— — proprement dites (Famille)	97
	— de Brahma-Poutrah	107
	— de Cochinchine	107
	— de Langshan	107
	Poule de marais (Nom vulgaire)	152
	— *des coudriers* (Nom vulg.)	135
	Poule de Sonnerat	107
42	— sultane	100
	Poules sultanes (Famille)	93
	Primulæ (Botanique)	143
	Pternistes (Groupe générique)	156
	Pterocles (Groupe générique)	127
31	— *alchata*	128
30	— *arenarius*	127
	Pteroclinæ (Famille)	123
	Ptéroclinés (Famille)	123
	Ptilopaques (Famille)	144
	Rale (Groupe générique)	103

Pl.		Pages.
	Rales (Famille)............... 93,	101
44	Rales Baillon.........	106
45	— d'eau...............	107
43	— des genêts........	105
43	— des prés...........	105
43	— marouette........	105
44	— poussin...........	106
	— proprement dits (Groupe gé-nérique)........	102
	Rallinæ (Famille)........	101
	Rallinés (Famille)........	101
	Rallus (Groupe générique).......	103
45	— aqualicus........	107
44	— Baillonii........	106
43	— crex............	104
44	— minutus........	106
43	— porzana.........	104
	Ramier.................	117
	Ray (J.) (Ornithologiste)........	86
	Recurvirostra (Groupe générique).	37
16	— avocetta........	37
	Récurvirostre (Groupe générique).	37
	Reichenbach (Ornithologiste), 75, 96........	111
	Rhizothères (Groupe générique)...	156
	Rhynchées (Groupe générique)....	50
	Rhyncophiles (Groupe générique).	13
	Rhyncophilus glareola........	49
	Roquette (Nom vulgaire)........	152
	Rougéties (Groupe générique)....	102
	Rufirales (Groupe générique).....	102
	Rusticoles (Groupe générique)....	60
	Sanderling (Groupe générique)...	50
	Sariamas (Famille)........	109
	Sariaminés (Famille)........	109
	Schinz (Ornithologiste)........	57
	Scolopaces (Groupe générique)...	5
	Scolopacidæ (Tribu)........ 5,	31
	Scolopacidés (Tribu)........ 5.	31
	Scolopacinæ (Famille)........	59
	Scolopacinés (Famille)........	59
	Scolopax agocephala........	68
	— arquata........	33
	— calidris........	46
	— fusca........	45
	— gallinago........	62
	— major........	61

Pl.		Pages.
	Scolopax phæopus........	34
30	— rusticola........	64
	— totanus........	46
	Scops (Groupe générique)........	26
	— virgo........	26
	Sittica (Groupe générique).......	74
	Spatula (Groupe générique)......	18
	Spatula (Groupe générique)......	18
	— leucorodia........	18
8	Spatule blanche........	18
	Spatulinæ (Famille)........	17
	Spatulinés (Famille)........	17
	Spitures (Groupe générique)......	60
	Squataroles (Groupe générique)..	83
	Starna (Groupe générique).......	150
62	— barbata........	152
62	— cinerea........	150
	Starne (Groupe générique).......	150
62	— barbue........	152
62	— grise........	150
	Starnes (Famille)........	144
	Sturge (Voyageur naturaliste), 55,	131
	Symphémies (Groupe générique)..	43
	Synoïques (Groupe générique)....	153
	Syphéotis (Groupe générique)....	113
	Syrrhapte (Groupe générique).....	123
19	— paradoxal........	125
	Syrrhaptes (Groupe générique)...	123
19	— paradoxus........	125
	Swainson (Ornithologiste)........	136
	Talèves (Famille)........ 93,	93
	Tantale falcinelle (Groupe génér.).	29
	Tantales (Famille)........	27
	Tantalidæ (Tribu)........ 5,	7
	Tantalidés (Tribu)........ 5,	7
	Tantalinæ (Famille)........	27
	Tantalinés (Famille)........	27
	Tantalus falcinellus........	29
	Temminck (Ornithologiste).... 66,	129
	Térékies (Groupe générique)......	67
55	Tetrao alchata........	128
	— arenarius........	127
	— bonasia........	131
	— caudaculus........	128
	— hybridus........	137
	— intermedius........	137
	— medius........	137

Pl.		Pages.
	Tetrao mutus	131
	— *paradoxa*	125
57	— *tetrix*	136
58	— *urogallus*	138
59	Tétraogalle du Caucase	112
	Tetraogalles (Famille)	140
	Tetraogallinæ (Famille)	140
	Tétraogallinés (Famille)	140
59	*Tetraogallus caucasicus*	142
	— *himalayensis*	142
	Tetraonidæ (Tribu)	123
	Tétraonidés (Tribu)	123
	Tetraoninæ	133
	Tétraoninés	133
	Tetras (Tribu)	123
	— (Famille)	123
57	— à queue fourchue	133, 136
58	— Auerhahn	138
57	— Birkhan	130
	— de plaine	123
56	— gelinotte	134
	— (grand)	133
	— Rakkelhan	137
	Tetrax (Groupe générique)	117
	Tétraxs (Groupe générique)	113
	Thinornis (Groupe générique)	83
	Tinaminés (Famille)	100
	Tinamous (Famille)	109
	Totaninæ (Famille)	42
	Totaninés (Famille)	42
	Totanus (Groupe générique)	44
19	— *calidris*	46
18	— *fuscus*	45
21	— *glareola*	49
18	— *glottis*	44
21	— *hypoleucos*	48
	— *major*	45
20	— *ochropus*	47
19	— *stagnatilis*	46
	Tournefort (Voyageur naturaliste)	159
	Toussenel (Ornithologiste), 66, 135, 145, 146, 164	166
	Trachélotis (Groupe générique)	113
	Tragopans (Groupe générique)	161
	Tringa (Groupe générique)	51
	Tringa arenaria	58
25	— *canutus*	56
26	— *cinclus*	56
27	— *Gambetta*	46
	— *glareola*	49
28	— *interpres*	58
25	— *maritima*	55
24	— *minuta*	54
	— *ochropus*	47
23	— *platyrhyncha*	53
22	— *pugnax*	51
26	— *subarcuata*	57
24	— *Temminckii*	53
	Tschudi (de) (Naturaliste)	138, 139
	Turnicinæ (Famille)	110
	Turnicinés (Famille)	109, 110
	Turnix (Groupe générique)	111
	— (Groupe générique)	111
46	*Turnix sylvaticus*	111
46	— tachydrôme	112
	Vanellinæ (Famille)	88
	Vanellinés (Famille)	88
	Vanellus (Groupe générique)	89
39	— *cristatus*	91
	— *gregarius*	89
	— *leucurus*	90
39	— *melanogaster*	89
	Vanneau (Groupe générique)	89
	— à queue blanche	90
39	— huppé	91
39	— pluvier	89
39	— suisse	89
	Vanneaux (Famille)	88
	Vénus (Mollusque)	80
	Verreaux (J.) (Voyag. naturaliste)	34
	Vieillot (Ornithologiste)	105
	Xylocotes (Groupe générique)	60
	Zapornia (Groupe générique)	106
	Zapornies (Groupe générique)	101
	Zonibyx (Groupe générique)	83

FIN DE LA TABLE DES MATIÈRES

93. — Paris. — Imprimerie Georges Gaillois, 3, rue Madame.— Succursale à Poitiers.

www.ingramcontent.com/pod-product-compliance
Ingram Content Group UK Ltd.
Pitfield, Milton Keynes, MK11 3LW, UK
UKHW021930070726
13614UKWH00001B/347